女性與軍隊

沈明室◎著

誰說女子非英雄？

呂秀蓮

叢書序

　　文化向來是政治學研究中為人忽略的課題，因為文化涉及主觀的價值與情感，它賦予人類為了因應特定時空所仰賴的主體意識，從而得以進行各種發展並創意調整，故與當代政治學追求跨越時空的行為法則，甚至企圖預測歷史進程的必然途徑，可說是南轅北轍的思惟模式。正因為如此，西方主流政治學的研究議程中，存在著對文化的展開起封閉凝固作用的知識論，當這個議程經由近二十年來留學西方的學者帶回國內之後，也已經對在地政治知識的追求產生封鎖的效果。

　　在這樣的知識社會學背景之下，「知識政治與文化」系列的推出，乃是揚智文化盡其心力，回歸在地的勇敢表現，不僅率出版界的先聲，向西方科學主義主宰的文化霸權宣告脫離，更也有助於開拓本土的知識視野，為在地文化的不受主導做出見證。這個系列的誕生，呼喚著知識界，共同來發揮創意的精神，釋放流動的能量，為邁進新世紀的政治學，注入人性與藝術的氣質。

　　「知識政治與文化」系列徵求具有批判精神的稿件，凡是能對主流政治學知識進行批判與反省的嘗試，尤其是作品能在歷史與文化脈絡當中，發掘出受到忽視的弱勢，或在主流論述霸權中，解析出潛藏的生機，都是系列作者群的盟友，敬請不吝加入這個系列。不論是知識界勇於反思的先進同仁，或亟思超越法則規範的初生之犢，都歡迎前來討論出版計畫；學位論文寫作者如懷有相關研究旨趣，歡迎在大綱階段便即早來函賜教。

　　我們期盼伴隨著系列一起成長，任由自己從巍峨皇殿的想像中覺醒，掀開精匠術語的包裝，認真傾聽，細心體會，享受驚奇，讓文化研究的氣息蔚然成風。

叢書主編

石之瑜

林　序

「如果這世界由女性來治理，所有的挑釁、危險與暴力將會減少。」日裔美籍學者法蘭西斯‧福山（Francis Fukuyama）在一九九八年《外交事務》（*Foreign Affairs*）期刊中，發表〈女性與世界政治的演化〉（Women and the Evolution of World Politics）一文，提出了以上論點。

事實上，受到上世紀西方婦女解放運動興起的影響，已有越來越多的女性逐漸走出家庭，踏入長久以來只有男性參與的政治領域。女性擔任國家領袖的例子不再罕見：從印度總理甘地夫人（Indira Gandhi）、英國首相柴契爾夫人（Margaret Thatcher）、到芬蘭總統何洛寧（Tarja Kaarina Halonen）、拉脫維亞總統薇琪菲瑞貝佳（Vaira Vike-Freiberga）、菲律賓總統雅羅育（Gloria Macapagal-Arroyo），紐西蘭總理海倫克拉克（Helen Clark），甚至極可能成為第一位美國總統候選人的國會議員希拉蕊（Hillary Rodham Clinton）等，眾多實例皆證明傳統的女性角色已經轉型，正悄悄地改變世界的政治版圖。

　　一九六〇年代末期到一九七〇年代初，女性主義的研究途徑在社會科學中形成風潮。在以女性主義為研究途徑的政治學領域中，女性與戰爭、女性與軍隊等相關議題，也成為女性主義者關注的焦點。在我國，女性軍人的招募與軍用已經非常廣泛並受到重視，但是在女性軍人相關研究方面，目前仍付諸闕如。沈明室君雖然是一位戰鬥兵科軍官，卻能長期關注這項議題，並翻譯引介國外相關論著，在發表數篇研究論文後，能夠出版國內第一本有關女性軍人的專書，非常值得鼓勵。

　　二十一世紀的戰爭型態，將是以智力取代蠻力的戰爭。在軍事學術領域中，尚有不少重要課題亟需探討研究，我期望沈君的研究不僅能使更多人關心軍隊中的少數女性軍人，更期待這本書點燃我國軍人從事學術研究的熱情，在軍事學術領域裡共同耕耘、發掘出有前瞻、未來性的研究主題。

國防部副部長

林中斌

6/23/2003

蘇　序

再啓女性軍人政策研究的新視野

　　在美伊戰爭的各項軍事新聞中，最具傳奇性的焦點並非
美軍攻進巴格達城的軍事行動，也非伊拉克新聞部長說大話
的誇張言行，而是美國女兵林琪從被俘謠傳陣亡，甚而一名
伊拉克醫生通報美軍，由美國特戰部隊突擊解救成功，及至
後送的一連串新聞，最被受到注目。日前美國一家報紙因該
報一位記者杜撰專訪林琪家庭成員的訪問報導，而向讀者公
開道歉並將該記者解職，由此也可證明女兵被俘事件的新聞
性。

　　美國女兵參與戰爭，早在美國南北戰爭就已開始，爾後
在歷次戰爭中，美國女兵都能發揮重要角色的影響力。從第
一次波灣戰爭到今年的美伊戰爭，可以看出美國在女性軍人
從事戰鬥性職務上，已經做了很大的改革與調整。令人關注
的是，儘管上次波灣戰爭亦曾有女兵被俘，並受到性侵害等
不合理的待遇，但美國軍方未因噎廢食，更不影響美國女性

軍人至前方戰場的機會。今年的美伊戰爭中，雖同樣有女兵被俘，甚至陣亡的現象，也未影響美軍的作戰行動，可見美軍已經很習慣女性袍澤一同征戰沙場。

然而，從媒體的浮面報導中，一般人恐怕看不出來女性軍人服役，對於男性化軍隊的戰備與士氣，以及對於女性軍人本身會造成何種影響？若非深入的研究，一般人總會想當然耳的認為，女性軍人到戰場只會給軍隊帶來困擾，毫無助益於軍隊作戰。但如果這是事實，為何美軍仍執意派遣女性軍人至前線服役？為何仍開放越來越多的軍中職務予女性服役呢？這些問題若未深入的探討，恐怕就無法得知美國在女性軍人政策各項變革背後的意涵，也無從做為我國女性軍人服役的政策參考了。

以我國而言，雖然女性軍人的擴大運用已歷經七年，若上溯國軍女青年工作隊的歷史則已超過五十年，但一直未見以女性軍人研究作為主題的專書論著，頂多就是一些資料性的堆積而已，此次具備軍事戰略專長，長期關注國軍兵力結構的沈明室君，投入心力研究我國與重要國家女性與軍隊的問題，不僅首創女性軍人研究之先河，更以其男性軍官的立場，中肯而不偏頗的描述了我國女性軍人制度的沿革與未來發展方向；更難能可貴的是本書也將女性軍人研究的內容與發展，做了相當詳細的引介與說明，爲後續的研究者建構了明確的研究途徑與方向。

在未來的戰爭與軍事任務中，女性軍人已經成爲不可或缺的成員，如何提昇女性軍人優質的效益，強化軍隊的士氣與戰備效能，並非實行女性軍人制度的兩難困境；相反的，瞭解女性軍人的需求，改善女性軍人服役的環境與文化，提供公平的進修機會，才是根本要道。在制定有關女性軍人政策時，必須要有足夠的論述作爲政策制定的依據，而這本《女性與軍隊》專書，除了可作爲軍事社會研究學界與關心女性軍人朋友對此議題研究的基礎外，本人也深信本書亦可對國軍未來兵力結構中，女性軍人的角色與功能定位，提供建設性的政策參考。

國家安全會議諮詢委員

蘇進強　謹識

洪　序

　　我國傳統歷史上有不少巾幗英雄不讓鬚眉的感人故事，
不僅在民間傳為美談，也讓男性社會刮目相看。當代西方社
會，特別是以色列和美國，在對阿拉伯國家的幾次戰爭中，
女性軍人的卓越表現更令世人領悟到，這是一個男女應該平
權、需要相輔相成、值得相互欣賞的新世紀；社會上如此，
軍中亦然。

　　在美國，女性之能平等加入戰鬥行列，是經過一段相當
艱辛奮鬥過程的，就如同黑人在軍中之能獲得平等對待和受
到重視，來自於他（她）們在社會上爭取平權運動的成果。
換句話說，美國軍中黑白種族隔離能被消除，男女工作全部
平等的限制能夠被打破，都是由於受到社會運動成功和價值
觀念改變的影響所促成。

　　目前全世界有招募女性軍人的共有六十五個國家，在有
具體統計數字的三十三國之中，女性軍人有五十八萬四千七
百七十三人，約占這六十五國總兵力的4.3%。其中美國女性

軍人共有十九萬九千八百五十人，占美軍總兵力的15%（見本書第二章）。在一九九一年及二〇〇三年美伊戰爭這兩次中東戰爭中，女性軍人在後勤支援、醫療服務、資訊工作，甚至是戰鬥任務中的表現，已徹底改變了世人對女性軍人服役表現的印象。

我國女性從早期軍中護理工作的加入，政戰學校木蘭村的成立，到一九九二年起女性軍士官的招考，目前女性軍人約有八千人，占兵力總額的2.2%。女性接受相當於男性的戰鬥訓練、擔任戰鬥機飛行員和陸戰隊營長、晉升將軍等的特殊表現，雖只是一些個案而不是普遍現象，但象徵了女性的平權和能力已受到社會和軍方的肯定與尊重。不過，我國也同美國一樣，由於男女在生理、心理和精神特質上的差異，使部隊的領導管理、人際關係、生活適應和士氣紀律等各方面，都面臨相當程度的衝擊。如何面對和因應，是今後國軍部隊需要深入探討和嚴肅思考的地方。遺憾的是，這方面的研究實在太少。沈君的這一本專著適時地彌補了此一不足之處。

女性軍人服役問題是軍事社會學重要的主題之一。軍事社會學是第二次世界大戰後的新興學科，為目前兩岸軍方都相當重視的研究和解決軍中社會問題的一門學問。個人從一九九〇年代起，即從事軍事社會學和軍事政治學的研究與教學開發工作，亟需具有共同興趣者的參與，沈君因而成為我近幾年耕耘這一領域的合作者。

　　認識沈君是在他一九九四年於政大東亞所進修時，因撰寫畢業論文需要與我討論中共文武關係而開始。沈君一畢業剛取得碩士學位即出版了《改革開放後的解放軍》專著，已展現他在學術上深具發展的潛力。在他往後持續從事研究與發表的著作中，每次新穎的見解，令人印象深刻。個人在一九九八年擔任政戰學校政研所所長時，推薦他翻譯國內第一本有關女性軍人的英文專著《女性軍人的形象與現實》，並在政研所前後策辦的「國軍軍事社會科學研討會」（1997及1999年）中，邀請沈君發表相關主題的論文，他也曾擔任國防部史政編譯局（現已改為史政編譯室）出版譯作《女性軍人的新契機》一書的翻譯審查。沈君進入本所博士班後，曾選修我開授的「軍事社會學研究」和「軍事政治學研究」兩門課，並支援我在政戰研究班「軍事社會學概論」課程的講授。

　　沈君幾年來研究的部分成果累積下來，出版了這本國內第一部關於《女性與軍隊》的論著，開啟了國內女性軍人研究學術史的新頁，在我個人從事「開拓」軍事社會學這門學科過程中，能「發掘」出這一位優秀的「學者軍人」，和這一部深入而有見解的優質作品，實深感欣慰，也引以為榮。當然，實質上的成功，完全是來自沈君個人的學識與努力的成果。另外，值得一提的是，沈君在軍事領域的研究也相當廣，其中有關文武關係、軍隊與國會關係與軍事文化等各方面的涉獵，也豐富了國內軍事社會學和軍事政治學的發展。沈君有關女性軍人的部分研究成果也收錄在我主編的《軍隊與社會關係》一書中，同時也是我目前編撰中的《軍事社會學概論》中重要的一章。

　　欣逢沈君這一本專門而有深度的新作出版，特致賀意。除了期望他不斷有新作問世之外，更期盼國軍能從中獲得啓示，同時對這樣難得的人才能加以珍惜與鼓勵。

政戰學校政研所

教授兼國關組主任

洪陸訓

自　序

　　在美國攻打伊拉克的戰爭中，戰爭景象舖天蓋地的深入每一個家庭，千里外的戰場影像鮮活的在每個家庭客廳中呈現。媒體報導再也無法以單純的戰況描述去滿足那些戰爭聲光需求越來越高的戰場資訊飢渴者，媒體對於戰爭各種描述主題引導了閱聽人如何去看一場戰爭，甚至以如雨後春筍般出現的眾多戰略專家，教導觀眾如何去瞭解一場戰爭的發展（汗顏的是，我也當過數場類似的戰略專家）。但是在許許多多的報導與分析之中，女性軍人的議題似乎已經成為一種點綴式的戰爭花邊新聞，不像上次波灣戰爭一般的備受關注，上次的波灣戰爭曾被媒體戲稱為「媽媽的戰爭」（Mom's War）。

　　女性軍人在美軍人數比率上雖然愈來愈多，且角色偏重於後勤任務，但重要性卻愈來愈舉足輕重，不亞於男性。根據美國國防部的統計，現有軍事單位中約有15％是女性官兵，約有十九萬餘人。在美伊戰爭中，這些女性官兵主要負

責勤務支援方面的任務，例如，美國派遣至伊拉克步兵師的
女兵，主要任務是醫護、收發訊息、駕駛、機械維修，以及
炊事等。雖然這些女性官兵可能不需要像男性一般至前線衝
鋒陷陣，但是所擔負的任務在現代化作戰中也是不可缺少
的，而在第一線部隊向前奔襲的過程中，這些負責後勤的女
兵的隨伴後勤支援，同樣會面臨被俘或死亡的風險，任何一
個環節的疏失均可能導致軍隊的危機。

　　儘管如此，媒體的關注似乎與她們所擔負的責任成反
比，美伊戰爭的女兵異常低調，沉默的完成其應盡的義務與
責任。但是女兵被俘及獲救事件的發生，又讓媒體開始關注
那些在前方出生入死的女兵們。一位白人女兵的被俘及獲
救，竟然可以成為戰場及美國國內延續數週的戰爭新聞，更
使因戰爭初期進展不順利的美軍士氣大振，並在短時間之
後，就直撲巴格達，迅速底定原先不被十分看好的戰局。其
實以女兵被俘和救援作為媒體宣傳的素材，背後有其複雜的
軍隊心理意涵，這種意涵有時可以是軍隊呵護女兵的動力；
有時候卻又會成為女兵心理難以承受之重。在戰場上，由於
戰爭活動一向就被視為男性專屬領域，使女性軍人必須面臨
許多難以想像的壓力，女性軍人也因為種種的限制，至今仍
無法擔任百分百男性可擔任的職務。因此，女性軍人在軍隊

的奮鬥雖談不上是未完成的革命，卻也是一條漫漫長路。

這樣漫長的奮鬥過程，也恰如筆者對女性軍人的研究一般，國內對於女性軍人的研究，本來是空白的領域，我在七年前投入時，仍猶豫再三；我不是女性主義者，但基於仗言的執著，與一點傻勁，經過七年的摸索，總算有了一點研究成果。本書對於女性軍人的研究，其實有一點引介及初探的味道，不敢妄言是擲地有聲的學術專著，只希望能夠藉此書帶動大家對女性軍人研究的興趣，或是能夠更關注那些在軍隊兢兢業業，專業而謹守本分，最後卻又因家庭因素而須割捨軍旅生涯的女性軍人。

沈明室

二○○三年五月二十日

（這天剛好是我排灣族原住民母親生日與忌日，

謹將此書成果獻給媽媽。）

目　錄

第一章
女性軍人研究的內容與發展

在面對女性和軍人兩個截然不同的角色時，她們調適的方法是清楚地劃分公私領域，在公領域呈現軍人形象，在私領域保持女人形象。

——女性現役少校

第一節　爲何要研究女性軍人

　　從一九七〇年代以來，由於受到女性主義者爭取男女平等、反對性別歧視等思潮[1]，及軍中男性人力缺乏的影響，許多國家開放女性進入軍隊，甚至將女性也納入義務徵兵的行列。[2]在女性軍人日益增多、從事軍中工作範圍越來越廣之際，此現象對軍隊、女性軍人會產生何種影響，成爲一個眾所矚目的問題。當代軍事社會學雜誌《軍隊與社會》（*Armed Forces and Society*）主編James Burk在一九九六年應邀在我國第一屆國軍軍事社會學研討會演講時，便提到：

> ……到了現代社會的後期，尤其是許多取消徵兵制的國家，女性逐漸有機會進入軍中服務，部隊區隔的情況被取消，女性服役的限制被排除，過去少數女性從事軍事工作的情況亦被解除。後現代社會時期，女性繼續在軍隊服役，從過去與部分部隊的結合到完全的結合。不過迄今女性與部隊是否能完全融合仍是一個爭議性的議題。[3]

　　另一方面，雖然女性進入軍中可以增加軍隊的全民參與，並加強其合法性，但在形成共識的初期，曾遭到強烈的批評。女性軍人服役的許多正面性的認知，必須在組織和心理上經過一段時間的調適，但女性軍人參與軍隊的不方便或成為負擔的事實，並沒有產生多大的改變，這種事實對女性軍人本身也帶來重大的影響。就軍中內部運作的模式來說，由於權力與階級制度的雙重運行，使得一向在家庭或社會中居於次要地位的人掌握了階級權力地位時，就使軍中原有的運作模式受到考驗。從福利的觀點來看，軍隊必須去學習如何處理女性軍人的需求，因為她們雖然身兼妻子、母親和軍人三重角色，但顯然她們缺乏在組織上或感情上的支持架構，所以軍隊的體制與生活習性對女性產生很大的影響。要想更深入瞭解女性軍人的存在對軍隊的影響，以及充滿陽剛特質的軍隊對女性軍人的壓力，必須藉助各學科及各種研究方法來增進瞭解女性軍人適應軍隊的需求，以做為擴大她們在軍中服務效益的基礎。另為了彰顯研究女性軍人的重要性，必須對女性軍人研究的內容與發展有進一步的瞭解。

在國外，隨著女性軍人的發展歷程，女性軍人研究的發展已有很長一段時間，此學門通常被歸納在軍事社會學之中。[4]有些學者則以女性研究（Women Studies）的角度來探討女性軍人的問題，她們主要將女性在軍隊的問題，視為女性於公領域面臨各種問題的一部分。這和軍事社會學學者所強調的重點不同；一個是以女性研究為主體，一個則是以軍事社會學為主體，兩者重點與研究取向有所不同，所以西方國家一些關於女性研究的期刊也可找到有關女性軍人研究的文章。[5]在西方國家，尤其是普遍有女性軍人服役的美國和北約國家，長期以來就很關心女性軍人服役的各項影響及問題。

　　反觀國內，雖然女性從軍的歷史可以追溯到晉朝[6]，但專門針對女性軍人所做的研究並不多，僅有少數歷史學者以婦女運動為主軸，探討這方面的問題，並以歷史探討的觀點做為切入的角度，自歷史文獻或文學作品中取材，較少以社會學的概念和理論來探討女性軍人的問題。至於現代國軍女性軍人相關的社會問題及心理調適問題之研究，則成果較少。[7]我國從一九九二年起擴大招收女性軍士官至軍隊服役，三軍官校也從一九九四年開始招收女生，使得當時軍隊女性軍人的人數開始超過七千人。[8]雖然如此，軍隊中有些制度和規定並未立即隨之調整（可能有些問題尚未發生，所以比較沒有急迫性）。因此，女性軍人對軍隊會發生何種影響，如何去解決，未來的發展趨勢如何？就成為大家所關心的問題。但因為國內對這方面的研究尚值起步階段，可供參考的國內文獻並不多，即使是國外文獻著作甚豐，也因為國

內圖書館引進與典藏數量不多,相關期刊也少,所以在女性
軍人人數愈來愈多,相關問題將陸續浮現的情況下,若要制
定適切的相關政策,實有必要強化對其他國家在此方面研究
內容與發展的瞭解。筆者藉由國外對女性軍人研究的內容主
題及發展概況作初步的探討,期做爲研究國內女性軍人各項
主題的參考。

第二節　研究內容與研究方法

　　大多數美國的女權運動團體,對女性在軍中的議題都抱
著偏頗的看法,因爲一九七〇至一九八〇年代的女權運動者
積極倡導和平激進主義,使得女性服役的話題變得微不足
道,或成爲方向偏頗的一種意識形態。女性主義者對女性軍
職人員的看法,總會提及矛盾調和的情況,他們認爲女性軍
職人員都只是可憐的女人,她們自願從軍的目的不是渴望獲
得愛國者的榮銜,或是爲了贊同美國政府的全球干涉主義,
而只是爲了與政治毫無關聯的動機,如爲了獲取薪水、訓練
和健康保險福利。這是在當時國防支出大增、公共經費減少
和經濟不景氣的環境下,其他行業所無法提供的福利保障。
所以多數的女性團體並不認同女性軍人問題的重要性,更遑
論值得他們運用原本就已匱乏的資源去探討這類的問題。[9]

　　因此少數持女性主義觀點學者在研究女性軍人問題時，抱持一種「公平」的立場，對軍隊長期以來以男性化爲主要特質、以男性爲中心的思考模式，想加以改造或扭轉。[10]也因爲女性研究者的加入，使得女性軍人研究的內容更包容萬象，思考更多元化。

　　現有對女性軍人研究的文獻中，並沒有具體而完整的將所有的研究主題與內容做一分類；[11]本文從現有可查到的文獻中，依照其主題共區分了十三項研究主題（如圖1-1），此處必須強調的是，有些研究主題因範圍較小，而被歸納在其他項之中；有些可能涵蓋好幾項主題的文獻內容，則以其主要內容做爲取捨的標準，納入其偏重重點項目之中。

　　就研究方法而言，因爲上述的主題包含了許多學科領域，所以研究的途徑和方法則隨其研究主題而定，雖然也有學者以文獻分析法對上述主題來探討，但只做一般性的論述，無法就一現象做一量化或實證性之研究。軍事社會學所慣用的研究途徑包括：社會學、心理學、社會心理學、臨床心理學、政治學、法律學、歷史學、教育學、管理科學及精神病學等都可運用於女性軍人研究：其常用的研究方法除了傳統的文獻分析法外，還有問卷調查、訪問調查、實地觀察、現有統計資料和檔案文件分析等研究途徑和方法[12]，因爲女性軍人研究內容主題的廣泛，這林林總總的研究方法都可以加以運用。

第三節　內容主題說明

　　事實上，女性軍人研究內容的劃分，主要是根據其研究的主題做一概括性的分類，並非如「一套僵硬的盔甲」[13]，套上去就無法改變。在某些專書或論文中可能融合了數個主題或數個研究方法。上述的區分，只是爲了便於研究主題的分類而已。

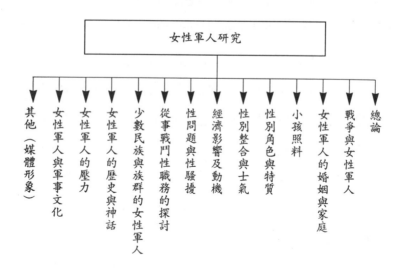

圖1-1　女性軍人研究的內容主題

資料來源：作者整理。

一、總論

　　被歸納在總論的內容主要有兩種，一是有關各國女性軍人的個案研究及跨國性各國女性軍人的比較研究，另外一般性的泛論探討也被歸納於此類。這類的著述中，比較偏重西歐、美國、加拿大的研究，至於其他第三世界國家或前蘇聯及中共方面軍隊的論述較少。[14]史丹利（Sandra C. Stanley）與西格爾（Mady W. Segal）二位學者在觀察各國女性與軍隊的關聯時，主張並非簡單的瞭解她們能否加入部隊服役而已；反之，應該考量幾項現實的因素：[15]

　　第一，必須檢視是否有禁止性別歧視條款。女性可否服役的法律及規定是否會影響女性在軍中地位的發展？尤其關於性別與女性角色的社會價值觀，在其他社會團體之中是否已經形成？以及所有對女性限制與性別歧視的法律是否為其重要的考慮因素？

　　第二，女性在軍中的角色。有些國家係以政策來限制某些女性軍人功能與專長；另外有些國家女性軍人的角色則較具變化，但是在某些職務與專長方面仍有限制。在少數幾個國家之中，既定政策允許女性從事戰鬥或接近戰鬥的任務，使其能多方面的扮演各種角色。

　　第三，人員進入軍隊服役的過程。如藉由徵兵或募兵等。軍隊組織之所以存在性別差異的議題，也反映出這個國家對男女公民權利與義務的不同定義。

　　第四，看男女服役時所受待遇與要求標準的異同。包括：選人的標準、役期、初級與高級的訓練課目、薪資待遇、軍紀要求與升遷管道等。

　　史丹利與西格爾二位學者即以此四項考慮因素研究北約國家女性軍人的現況。北約組織定期也會出版關於女性軍人的調查報告[16]；西歐國家聯盟國防委員會在一九九一年出版了有關軍隊女性角色報告書，供各國參考。[17]義大利雖然同樣位於歐洲，亦為北約國家，原本沒有女性軍人，所以米蘭的天主教大學軍事研究中心（Military Institution at the Catholic University）的艾拉莉（Virgilio Ilari）研究指出義大利女性之所以被排斥進入軍中，是因為其政治系統運作的緩慢、無效率及停滯不前，而非來自軍事官僚體系的反對或是反戰團體的阻擾。[18]但在兵役制度變革與國會壓力之後，義大利已經有女性軍人。

二、戰爭與女性軍人

　　在研究女性軍人的文獻中，數量最多的就是有關女性軍

人（或女性）與戰爭的主題。有人認為這方面的累積成果是
因女性主義的刺激，而在二十世紀最後十年得到蓬勃的發展
[19]，女性主義者認為有關戰爭的研究主題僅限於男性，是一
種性別歧視，所以才興起與戰爭有關的女性研究。第一次世
界大戰以前，並沒有正式的女性軍人存在，所以部分的文獻
著重在一般女性與戰爭的相關議題，從女性研究或女性主義
的觀點去探討戰爭與女性的關係，或是戰爭對女性的影響。
其所涵蓋的戰爭形式，大致有革命戰爭（內戰）與國家之間
的戰爭等。[20] 有的論述範圍則擴大到其他領域，例如，如探
討民間婦女勞動力對戰時經濟的影響；有的則探討戰爭時期
的女性生育率或是軍隊內女性的價值觀等。[21]

　　若再將範圍縮小，除了上述有關戰爭對一般女性的影響
外，有很多文章集中於探討各類戰爭中，女性於軍中所扮演
的角色及對女性軍人的影響。[22] 其中以探討第二次世界大戰
時期的主題最多，因為此次戰爭參與的國家多，各國動員的
人口也最多，也是有史以來動員女性軍人最多的一次戰爭。
這些文獻中有的按照國家分別敘述，有的則針對共同現象綜
合論述。也有的學者從參與戰爭的特定團體，來探討她們在
戰爭時期所面臨的問題，她們對戰爭的貢獻及戰爭對她們的
影響。如美國「女兵總隊」（Women's Army Corps, WAC）、

空軍女飛行員、女陸戰隊員、女性護理人員……等。華迪姬
（D. Collett Wadge）在其所編的《軍裝女性》（*Women in
Uniform*）一書將第二次世界大戰期間參戰的英語系國家（如
美、英、澳、南非、加拿大、紐西蘭等）的所有女性軍人組
織，做一詳細完整的介紹，成爲研究第二次世界大戰期間，
英語系國家女兵的最完整資料。[23]其他如戰爭期間的性問題
與性騷擾問題（本主題將在第八項敘述）、女性戰俘及戰爭
新娘[24]等相關的主題，也有學者提及。[25]

三、婚姻與家庭

一般剛入伍或在基層服役之軍士官因爲年紀輕、工作繁
雜，所以結婚的比率不高，這還與該國實施的兵役制度有
關。實施全志願役的國家，志願役士兵在服役兩三年後結婚
的機率很高；而實施義務役制度國家的士兵，服役期間結婚
的並不多，甚至被禁止於役期內結婚。高德曼（Nancy L.
Goldman）認爲軍隊限制士兵結婚，是因爲士兵艱苦的生活
條件及未來的不確定性，或者是士兵結婚後不願意留在軍中
所致。[26]但隨著上述兩項限制因素的改善，美國士兵結婚的
比率越來越高[27]。軍隊的成員中，已婚者成爲大多數，軍隊
原有的體制與特色逐漸改變，這些大量已婚軍人家庭的需

求，逐漸受到軍隊的重視。

　　對女性軍人而言，婚姻與家庭也是其軍人生涯中重要的一部分。有研究文獻指出，女性軍人與同為軍人的男性結婚的比率比較高，男性軍人則與平民女性結婚的較多。男女性同為軍人結婚所組成的家庭一般通稱為雙軍職夫婦（Dual-Service Couples），雙軍職夫婦的數字隨著女性軍人數字的上升而有增加的趨勢。夫婦都是軍人，通常會被視為單位人事管理的困擾，因為大部分的雙軍職夫婦都會要求有共同的居住地，並希望軍事派職能配合兩人的需求。他們也擔心二人同時被派赴遠地服務，因為他們和單親家庭一樣，沒有其他眷屬可以分擔家庭的責任，必須另尋其他的親友幫忙。就因為這些問題的存在，所以有很高比率的雙軍職家庭沒有小孩。[28]學者也發現，同時在空軍服務的夫婦生活要比那些夫妻其中之一是平民者要快樂。[29]

　　就單親軍人的家庭而言，大部分單親父母是由於離婚或分居所造成的。而在單親的父母當中，女性軍人成為單親父母的比例要高於男性軍人，然而因為男性軍人數量較多，所以就總數而言，男性軍人成為單親父親的比例仍然較高。單親的女性軍人除了小孩照料問題（第四項專門探討）為其主要負擔外，對家庭的需求比其他人要來的強烈，所以也就更需要軍隊對她們家庭的穩定性、工作表現及小孩照料上的特別關切與支持性協助。

四、小孩照料

據美國國防部的資料顯示,有很多家庭的小孩,因為父母派赴國外,疏於照顧而離家出走。[30] 由於美國不斷縮減國防預算,並將部隊精減,因此許多後備部隊被納入常態性的作戰計畫,使許多軍人退役後繼續參與後備部隊,定期接受軍事訓練。即使定期服行軍人勤務,但是這種額外的高收入來源,對一個中產階級家庭來說有很大的助益,所以愈來愈多的夫婦一起加入後備軍人的行列。波斯灣戰爭期間大量徵調的後備軍人中,其中女性後備軍人的比例就占了13%[31],這些女性大都有小孩,因此也就更突顯軍中小孩照料問題的重要性。

媽媽女兵離開小孩之後,會有那些影響呢?莫以爾(Kate Muir)在《武裝與女性》(*Arms and the Woman*)一書中曾提及有關小孩照料的問題,就其在美國布拉格堡(Fort Bragg)所做的訪談提及,很多媽媽士兵在派赴波斯灣戰場六個月之後,造成母子關係的疏離;有的小孩生病因乏人照料而去世,成為軍人父母心中永遠的痛;媽媽女兵的先生父代

母職,為了要照料小孩只好辭去工作,使原本以為奔赴戰場
可以增加收入,反而因為要照料小孩而減少一份薪水;有的
人則認為這段期間的幼兒成長經驗及照顧是任何事務無法替
代的。[32]其實早在一九八九年美軍就通過「軍中小孩照料法
案」(The Military Child Care Act),在美國的各大營區之中,
都有相關的「孩童發展中心」(The Child Development Center,
CDC)及「日間寄養家庭」(Family Day Care, FDC)但是數
量仍然不足。[33]「孩童發展中心」主要是提供比私立托兒所
更經濟、更好的托兒服務,收容對象為從滿六週至十二歲的
小孩,全美國大約有五百三十四所這類的中心。「日間寄養
家庭」則是結合住在營區內的軍眷,施以相關的訓練,而由
軍方授權她們組成寄養家庭,每一家庭最多可以照顧六個,
費用由托育的父母支付,這對雙軍職家庭及單親父母而言,
是一種不錯的日間寄養方式。美國前總統柯林頓曾讚揚國防
部,可以將照料小孩的成功經驗,指導其他政府機關。[34]

　　另外,在軍營中小孩成長的歷程,也成為學者關心的焦
點,例如,威特許(M. E. Wertsh)就對軍事基地內日常生活
及對軍人子女教育的影響,作了概要的描述,並且認為在軍
事基地內照顧小孩的母親,必須經歷一些軍中才有的苦悶,
而這些苦悶乃必須遵循一大堆不成文規定的限制,例如,小

孩子的頭髮必須依照軍隊標準規定。[35]

　　小孩照料的問題不單是托嬰及照料的問題，有關嬰兒哺乳的問題也成為爭論的焦點。美國駐巴拿馬一位女直昇機飛行員蔻瓦絲（Emma Cuevas）中尉因為嬰兒體弱，想要親自哺乳，而請求准其育嬰假照顧小孩，但因未獲同意，乃改申請提前退役或調至國民兵單位，期能照顧其幼兒，但遭軍方駁回，這個案例並上訴至最高法院。[36]

　　就目前的趨勢來看，女性軍人已經成為軍隊不可或缺的支柱；在長期服役的情況下，幾乎每位女性軍人都會遇上小孩照料的問題，如果小孩子問題沒有照料好，對女性軍人或其家人而言，都是其心頭的負擔；若想繼續留用高素質的女性人力，加強相關的小孩照護設施實有其必要性。

五、性別角色與特質

　　軍隊不管是在活動的形式或意識形態上，常被描述為男性主宰組織的縮影，雖然女性軍人的角色與功能，在近幾年來已有所進展，但仍有許多限制存在。同時許多軍事訓練的內容，都在強調傳統作戰所必須的男性特質，例如攻擊性、強大力量等。根據美國學者的研究，軍事訓練仍為加強美國社會中傳統男人角色的途徑，甚至認為年輕男性進入軍中接受軍事訓練，尤其是軍官的訓練，會使他們的政治態度趨於保守，更重視維持社會秩序的穩定。[37]美國學者馬丁（Susan E. Martin）認為男性的過去經驗如玩玩具槍、參與運動競賽等團體的經驗，使得男性在軍事訓練上能得心應手，表現極佳；但對女性而言，進入軍中就好像殘廢一般。[38]當然這並不表示女性一定是弱者，或有譏諷之意，而是一般社會對女性性別的刻板印象。[39]

在這種情形下，女性進入軍中在態度上會有何種變化呢？既然軍隊是一個充滿陽剛氣息的單位，那是否代表進入軍中的女性比較傾向男性化呢？還是女性在進入軍中以後，會不會因而受到影響而變得比較男性化，而失去原有的女性特質呢？有許多學者曾針對上述有趣的問題，並針對不同的對象，做一些相關的實證性研究。[40]

狄夫路爾（Lois B. DeFleur）及華納（Rebecca L. Warner）兩位教授利用BSRI（Bem Sex Role Inventory）量表，對美國空軍官校所做的研究發現，在有關女性角色態度變化方面，所有男女學生的態度變得較非傳統化，這點和認為軍事訓練都在加強傳統社會態度的觀點相互背道而馳。兩位學者將之歸因於該校第一次實施男女合校，因此許多人企圖營造出成功的整合範例，並改變對女學生的負面態度；[41]在性別認同

方面，兩位學者認爲，經歷四年的軍校教育課程強調傳統男
性化特質的結果，會使男學生強化其男性化性別角色的認
同，而女學生則傾向於兩性化或女性化；[42]在對軍事價值及
態度的認同程度方面，女性認同的程度反而比男性高很多，
表示女學生接受軍事社會化改變的程度比較高。[43]這並不意
味著女性較男性更適應軍隊的生活，或對軍事工作更能得心
應手，而是男性已經對某些價值觀習以爲常，且並非進軍校
以後才獲得的，所以才不會對軍事價值與態度給予強烈支
持。

　　有學者針對性別認同，以非傳統職業的女性和男性作比
較，此處所指的非傳統職業，是指非一般傳統上大家認爲應
該屬於男性或女性的職業。在一項針對美軍陸戰隊女性及軍
中的男護士作爲性別差異比較對象的研究中，威蓮絲
（Christine L. Williams）認爲不一定是性別特質的傾向，而是
一個非常現實的原因——經濟需求，促使他們選擇了他們的
職業；但在進入軍隊後，必須克服與調適性別特質與軍隊環
境的衝突。[44]

　　因爲軍隊的傳統男性化特質，使得女性在進入軍中之後
都有一段調適期，不論是堅守其女性化特質，或是積極的否
定此特質而與男性一爭長短，她們都必須付出不爲人知的代

價，這些都是每一位女性軍人刻骨銘心的心路歷程。

六、性別整合與士氣

　　由於女性角色在軍中的擴大，連帶地也引起女性軍人在軍隊中比例愈來愈高時，對軍隊表現及戰備產生何種影響的研究。美國陸軍的「行為與社會科學研究中心」（Army Research Institute for Behavioral and Social Science）早在一九七〇年代就做了兩項相關的研究[45]：第一項研究是針對美國陸軍野戰非戰鬥單位，探討其因為女性軍人增加，會產生何種影響的實證研究，共有四十個戰鬥支援與勤務支援單位參與。這項研究顯示有超過35%的人認為，女兵的參與對單位作戰能力沒有重大的影響。第二項研究則檢視了女性軍人在野外訓練時的表現，也觀察了部隊在定期的軍事演習期間，女性軍人的表現，結果顯示在十天的野外演習中，當女性軍人在單位中的比例大約為10%時，對單位的表現會有些微的影響。此兩項研究結果，對後來有關此類主題的研究，具有參考作用。

　　有的學者質疑在衡量女性對單位戰力或表現有何種影響時，是否應將技術純熟度的問題考量在內。沙瓦吉（Paul L. Savage）與蓋布瑞爾（Richard A．Gabriel）所做的研究指出：「女性在軍中角色的擴大是奠基於錯誤的假設與推論上，即認為影響軍隊戰鬥效能的最主要因素是在科學技術上。其實這點是錯誤的，擁有高度發展及純熟的技術條件只是作戰效能的一小部分，軍中大部分的技能，尤其戰鬥技能，是任何一個人在六到八週就可以學會的。但是軍事單位的效能和團結，主要還是來自於戰鬥團體士兵間社會心理的契合。」[46]

還有研究指出：美國所實施的男女混合基本訓練雖然對男性有一點影響，但對女性的士氣與表現卻產生極正面的影響。[47]研究也顯示男女混合一起受訓的軍人與其他單一性別區隔受訓的軍人相比，在自信心的程度、步槍射擊及體能測試上要好很多。[48]然而，儘管有這麼多正面的表現成果，對女性持負面態度者仍然存在。

學者迪維貝絲（M. C. Devilbiss）發現證據來支持這樣的假設，那就是「團結的基礎在於團體共同的經歷，如分享冒險和共度困難的經驗，而非性別的區分。」[49]此假設直接指出女性進入軍中，並非是影響軍中團結的主要因素，對軍隊團結的影響也不大。但這種論斷很快的就因為美軍內部發生一連串對女兵的性騷擾、性侵犯及強暴案，而受到很大的考驗。有些參議員認為因為男女混合訓練，才導致有性偏差的

行為產生（有關性問題及性騷擾問題將在第八項敘述），使
得美陸軍高層重新檢討男女合訓制度的看法。[50]也證明如果
單位內部發生類似的問題，對單位的團結與士氣的損害是無
庸置疑的。

　　有關單位內部少數群體的競爭及歧視等方面的問題，已
發展出兩種理論：一種是布列拉克（Hubert M. Blalock）主
張的少數比例歧視的假設（minority proportion discrimination
hypothesis），即「少數的群體規模愈大，其成員遭受歧視的
程度愈大」。因為少數群體規模越來越大，對多數群體的威
脅日增，更易遭到歧視。[51]另一種理論就是肯特（Rosabeth
M. Kanter）的花瓶主義理論（tokenism），即認為少數群體之
所以在工作場所受到歧視，是因為他們在數量上缺乏代表
性，亦即人數越少，越容易受到歧視。[52]

　　這兩種理論觀點正好相反，因此有人將此兩種理論運用
至女性軍人在軍隊內部的情況，去尋求何種理論才能瞭解女
性軍人在軍隊的比例對軍隊團結與戰鬥的影響上，是一種較
佳的解釋模式。[53]結果發現第一種少數比例歧視的理論，就
單位的團結與性別比例影響的研究而言，反而是較佳的解釋
模式[54]，即女性軍人群體比例的增加，反而對她們造成負面
的影響。這個研究還發現一個有趣的現象，就是女性軍人與

女性軍人共同工作的意願要比和男性在一起低，亦即一些女性軍人寧願選擇和男性軍人一起工作，而不願意與女性軍人一起工作。[55]

部分國家也針對上述研究的結果，不斷地改進其有關性別整合的政策，以吸引更多的女性進入軍隊[56]，畢竟軍中人力不足的情形才是最迫切需要改進的。

七、經濟影響與動機

在研究女性軍人的主題中，有一項是以具經濟學背景的學者為主體，研究女性進入軍隊之後的經濟性影響。這種影響可分為兩個層面：首先是個體性的影響，例如研究女性軍人進入軍中後，其個人必須負擔多少成本（很難加以量化計算），或是對其他女性個體有何種影響？第二是就總體經濟而言，女性進入軍隊對整個國家總體經濟有何影響？因為從總體經濟的角度來看，將軍隊視為一種非常龐大的公共財政支出項目，可以提供就業機會和訓練，若是這種財政支出及教育訓練的機會為單一性別的男性所寡占，對整個女性就業又有何影響？這些問題都是在探討的範圍。

以經濟作為考量女性軍人進入軍隊的思考方向，有其學術上及實用上的價值，就學術上來說，可以更加深入瞭解國

防資源分配與女性的關係；就實用上來說，可以藉此重新考
量經濟的誘因對招收女性軍人產生何種影響，並將研究的成
果，作爲隨時調整有關政策的參考。但是在戰爭時期，經濟
並不是唯一考量因素，其他如振奮士氣、政治環境、戰略因
素等方面也都必須列入考量。

　　義大利學者艾笛絲（Elisabetta Addis）曾以女性軍人進
入軍隊做成本效益的分析，她認爲任何一個人在尋求職業或
工作時，都會追求超過其所付出成本的利益。因爲從事軍職
所付出的成本遠高於其他的行業，而女性本身在民間勞動市
場處於弱勢的地位，因此相較之下，女性所獲得的利益會比
男性高，女性在軍中所獲得的優勢，遠大於她所付出的成
本。[57]

　　另外也有學者探討有關國防的建設，特別是國防工業對
女性的影響，[58]及國防預算對女性就業的影響。[59]兩者的研
究都顯示出：國防建設越蓬勃或國防預算增加越多，女性並
沒有因此而獲利，其影響反而是負面的。

八、性問題與性騷擾

　　由於對性騷擾的認定非常主觀，各家的定義也不一致，
美國陸軍在法規中明確界定性騷擾的定義：「當一個人根據

其事業與職業上的權力，可以形成或創造一個足以影響人的脅迫、敵對或攻擊性環境，而做出不受歡迎的求愛、性要求及其他口頭上或生理上具有性本質意味的碰觸，或是以暗中或公開的性行為要求來控制、影響軍隊成員或文職人員的事業、工作或薪資的行為皆稱為性騷擾。」[60]有的研究則認為任何非應邀（Uninvited）或非意願（Unwanted）的性意涵語言和行為均屬之。[61]

也有的學者將性騷擾區分為個人性的內涵和團體性的內涵。個人性質的性騷擾內涵為：意圖或實際上的強暴、性侵犯、性交或約會的壓力、性意涵的碰觸或磨擦、色情信函或挑逗性電話等；至於團體性性騷擾的內涵則包括一般性而非個人性的嘲弄、講黃色笑話、有性暗示的動作和眼神，或帶有性暗示的口哨、叫喊等。[62]綜合而論，性騷擾的行為指凡是在言語、視覺、文書、動作四個方面有性意味的挑逗和刺激者，均屬於性騷擾。

軍隊發生性騷擾等問題和其他工作場所不一樣的地方，在於軍隊是一個合法擁有武裝暴力的團體，若這個團體內部發生類似性騷擾的問題，對單位內部的團結將造成莫大的損害，若其身為上級長官，又如何能夠使人誠心服從？軍隊更不像一般的民間工作場所，後者經由民事和解或辭職，就可解決大半問題，而且後遺症也比前者少。

　　美國於一九九四年所完成的研究顯示，有超過73％的女性和18％的男性反映，一九九三年間曾遭受性騷擾。[63]由於以往軍隊均認為性騷擾的成因，都是個人問題所產生，所以僅針對騷擾者做矯治的工作，或是針對可能被騷擾的群體實施預防的訓練與工作，而不重視團體環境的因素。也就是將焦點置於特殊事件及個案受害者的說明，忽略了軍隊長久存在的男性化環境才是性騷擾形成的主因。所以有學者建議，將公眾場合中公開對性做評論的行為予以控制，是提供無性騷擾工作環境的主要作法。[64]

　　另外在性犯罪的處罰規定方面，以美國而論，犯下性騷擾案者，有的遭降級退伍處分[65]，有的被判無罪，有的則是遭受軍法審判。[66]因此就處罰量度來說，差異相當大。若探息事寧人者，處罰較輕；嚴以究辦者，量刑就很重。但重罰情形較少。

　　美國的眾議院曾對性騷擾的問題及海軍「尾鉤」事件於一九九四召開公聽會，會後並出版專書。其他尚有戰爭時期的性問題與性騷擾、性與權力的關係、軍中性問題的處理及軍中女同性戀等方面的著作[67]，都可以做為研究的參考。

九、從事戰鬥性職務的探討

從有女性正式從軍以來，除了在戰爭時期有極少數女性直接從事作戰外，她們所擔任的角色大都為行政性及輔助性的工作。但當各國男性兵員相繼減少，女性軍人數量越來越多之際，女性在軍隊的角色與職務越來越廣泛。這主要基於兩種需求：一是女性必須具備某方面的野戰實務與專業及主官（管）的經歷，才能對其將來的晉昇有幫助；二是男性兵員的缺乏迫使軍方以女性遞補，遞補的人數越多，上述的需求越迫切。但這種情形並非是一夕之間突發形成，而是逐次檢討、逐次開放的；再者各國的情況亦有所不同，例如加拿大從一九八七年，女性軍人就開始擔任與男性相同的職務[68]；英國亦傳出將開放女性至戰鬥部隊服役。[69]其他各國雖未全面開放，但多已釋出大部分的職務給女性。

就美國而言，從一九〇一年海軍護理部隊（Nurse Corps）成立開始，至今已有近百年的歷史，女性服役的職務範圍在歷經多次修法後，現今美國僅剩下陸軍及陸戰隊，仍限制女性至旅以下的地面戰鬥單位服務，其他職務均已對女性開放。

影響女性在軍隊中的職務和角色者，大約有下列幾項因

素：第一是軍事環境的變數，如國家安全處境、軍事科技、
戰鬥支援的比例、兵力結構及軍事政策的延續；第二是社會
結構的特質，如人口結構的形成、女性在勞動市場中的地
位、經濟因素和家庭結構等；第三是對於有關社會、性別與
家庭建構的不同文化考量，如社會對性別與家庭的價值觀、
大眾對性別的觀感、對尊重與平等的重視等。[70]但一般而
言，軍中女性的參與有時在國家有緊急危難或承平時期，以
及在人力短缺或社會價值對性別的看法趨向平等時，女性軍
人的人數就會增加，參與範圍就會擴大。

十、少數民族與族群的女性軍人

在軍隊之中，女性軍人也算少數的群體，因此有的學者
在研究女性軍人時，將性別與種族相提並論[71]，甚至認為針
對少數群體的種族所做的研究，可運用至女性軍人身上。其
實就多數女性主義者而言，女性和少數族群一樣是被壓迫的
團體。美國陸軍的機會平等法中亦強調，軍隊應該不分種
族、膚色、宗教、性別或原有國籍而給予平等的機會。[72]

少數民族或族群的問題在政治上是一個敏感的問題，一
不小心可能會形成政治風暴。例如，美國亞伯丁基地的黑人
士兵辛普森性侵害案，因為被強暴的都是白人女兵，因此有

人穿鑿附會認為此案與種族歧視有關;有人對軍方處理的方
式亦不滿,認為軍方根據五名白人女兵的控訴,而不公平的
將目標對準黑人士官。軍方否認了這項說法,並澄清說亞伯
丁事件非關黑白種族問題,而只是單純的性騷擾事件。[73]

　　美國官方也會刻意公布少數族群女兵在軍中的典型,如
第一位自西點軍校畢業的華裔女軍官鹿道寧,獲美國前總統
柯林頓接見[74],以彰顯軍隊並沒有種族歧視存在,卻也突顯
了少數民族與族群,特別是少數種族女性軍人問題的重要
性。

十一、歷史與神話

　　在研究女性軍人問題時,有些學者會從歷史與神話中擷
取一些人物或概念,做為引伸及對照之用。例如,一般人常
用亞馬桑(Amazon)這個字來代表「女戰士」之意,而這個
字則是源自希臘神話。Amazon這個字,希臘文的字根 "a"
及 mazon 所代表的意義是「胸部」或是「豐滿的女性」[75],
但合在一起則為古代女戰士的意思;一些學者的著作中,亦
引用了「女戰士」的概念,去探討從古代到現代女戰士的形
象與差異對希臘藝術的影響。[76]從一九七○年代開始,歐洲
與北美的女性主義者一直重複不斷地討論亞馬桑女戰士神話

的傳承，並給予不同的詮釋，主要是受到激進女性主義者不妥協本質的影響，因爲亞馬桑的女戰士意味著和她們一樣重視女性的獨立性。

中國的神話和歷史中，似乎不乏女性英雄人物，比較具代表性的應該是花木蘭。[77]花木蘭代父從軍，在戰場上立功，衣錦還鄉恢復女兒身的故事，已經傳頌了數千年，我國更是習慣性的將女性軍人稱爲巾幗英雄或花木蘭。有關女性軍人的歷史與神話，除了能提供相關當代女性主義者或學術研究者可參考的概念外，也可以讓該國的百姓和男性軍人認爲歷史和神話上的女性軍人是一種歷史傳統，將這種傳統延續到現代，女性軍人進入軍中比較不會受到排斥，所以這類的神話與歷史，對建構接受女性軍人的社會文化有其一定的功效。

十二、壓力觀

少數群體在一個組織當中，因爲性別、種族、文化的差異，很難完全融入這個組織之中，尤其在遭遇挫折與排擠之後，就容易形成壓力。在軍隊中，女性所面對的是一個重視階層制度與戰鬥習性的組織，大部分的女性軍人職位與官階都不高，而戰鬥事務從來就被認爲是男人的事務，在這種情形下，女性軍人容易在軍中承受來自各方面問題的壓力。

美國學者漢納（Patricia B. Hanna）引用一位女將軍的觀點，認為軍中女性軍人壓力形成的根本因素，在於女性接受度的問題。並認為女性軍人在軍中的壓力問題，可以在下列幾個方面呈現：[78]

1.排斥參與戰鬥。

2.組織文化中對女性軍人排斥的態度。

3.男女界限升高。

4.社交孤立。

5.雙重標準。

6.性騷擾。

7.親密的性關係。

8.同性戀問題。

9.婚姻家庭與小孩的問題。

這些壓力來源，在上述各項女性軍人研究的主題內容中，都已概略的說明，可以說除了總論及神話與歷史之外，其他都是針對女性軍人在軍中所產生的問題而形成的研究主題；這些主題都可能成為女性軍人壓力的來源。當然對壓力的承受及因應方式，每個人都不同，壓力的程度也不一致，但是可以肯定的一點是，雖然女性軍人在軍中面臨了這麼多強大的壓力，但女性並未逃離或退縮，而且女性軍人正積極的要求加入戰鬥的行列。[79]女性軍人在軍中不畏壓力勇往直前的情況令人佩服，但不能因此不去注意她們的壓力問題，反而更應該予以重視。如此一方面能使女性軍人減輕壓力，更快的適應軍隊，另方面在持續而密切的關心之下，使男性軍人對女性的態度產生變化，認為她們可以成為稱職的軍人，而能平等對待。

十三、其他（媒體形象）

除了上述的十二項研究主題外，還有一些問題也有少數學者提及，但相關著作並不多。像女性健康與醫療的問題，在女性研究的內容中都會涵蓋，主要強調女性在醫療資源的分配不足及醫療待遇上的不平等。[80]這類問題在軍中也同樣發生，因為軍中的醫療資源服務的對象原本是大多數的男性，所以在基層的野戰醫院或醫務所並沒有婦科的設置。軍中服役的女性正值生育年齡，如果軍隊中發生一些婦女才有的病痛，在醫療資源缺乏的環境下，往往失去治療的先機；平常有關婦女保健的問題，也無可供諮詢的對象，形成對女性軍人醫療待遇的不平等。西方女性軍人研究成果非常多，

但針對女性軍人健康與醫療的研究卻付之闕如。雖然有學者
提出「入伍的女性總會因爲日復一日的性騷擾以及軍隊無法
提供女性適切的醫療服務而覺得沮喪不已。」[81]但卻未對有
關女性軍人的醫療問題做深入的研究。

　　由於軍中事務並不全部對外公開，外界僅能從少數的官
方文件及偶然流出的報導來觀察軍中的事務，所以有學者從
媒體對女性軍人的報導來探討女性軍人的問題。[82]從媒體的
報導來觀察一個問題，易爲官方的看法所誤導，尤其是軍中
的事務。美軍在女性軍人問題方面，對媒體的掌控就運用自
如，有了在格瑞納達和巴拿馬兩次戰役的經驗，美國國防部
更有信心的認爲，如果讓主流媒體報導女性軍人的消息，並
不會傷害軍方在民眾心目中的形象。於是波灣戰爭期間，關
於美國女兵的報導如潮水般湧出，其中大多數均爲正面的報
導。據當時的民意調查顯示，多數人仍然是支持擴大女性在
軍中的角色。不過，事後很多人才瞭解，美軍中仍有男性軍
人對女性同僚性侵犯及強暴的行爲，只不過這些消息當時大
部分都被封鎖。[83]所以從媒體的報導中，也可以看出政府對
女性軍人政策的背景與演變。

　　其實有關女性軍人研究的主題與內容並不僅限於上述所
提各項內容，有些主題是同時發生而且相互影響，也可能會

繼續延伸出新的問題，作上述的區分僅爲淺見，希望能夠作
爲研究分類的參考及進一步研究的方向。

第四節　我國研究女性軍人的現況與方向

　　女性軍人在我國發展的歷史相當早，民國建立以後，北
伐時期就已有女性軍人存在，但早期的人數較少，所擔任的
工作也僅限於政工、護理及情報方面，此種情形一直持續至
國軍到台灣以後。一般野戰部隊，除了定期有女青年隊至各
單位實施文宣、政訓的活動之外，部隊幾乎看不到女性軍
人。從一九九一年起，國防部開始擴大招考女性專業軍士
官，一九九五年，三軍官校等數所軍事院校開始招收女生
後，女性軍人的人數越來越多，軍中的一些相關法規與措
施，也勢必要隨之調整。

　　以內部管理爲例，起初並未針對女性軍人做出適切規
範，很少有女性軍人住在營區內，她們大部分上下班按時回
家，少部分因任務需要須在營區過夜時，也都會安排至國軍
英雄館或給予特殊照顧。但隨著女性軍人的數量越來越多，
所分發的單位也擴大至野戰部隊的營連級單位，而基層單位
有關女性軍人生活設施，也日益完善。而且據國防部的資料
顯示，在二〇〇〇年開始，已依據營區生活設施改善情形，

分發女性軍人至連級單位任職。所以制定未來適合女性軍人
生活管理的規範非常迫切需要。[84]其他像作戰、訓練及測驗
的規定，進修受訓等個人權益，亦應針對女性軍人的需要全
盤考量和檢討。

在考量女性軍人的政策與規定時，除了依據實際情況的
需要外，國外的發展現況及相關研究也值得參考，尤其我國
擴大招收女性軍人已近六年，目前參考他國女性軍人政策的
重點，不應仍注重一些表面上的制度問題。因爲，大體而
言，各國在這方面的發展差異並不大，須重視的應該是前述
制度與部隊運作所產生有關女性研究的主題和內容。因爲在
女性軍人人數愈來愈多的情形下，許多深層問題將逐次形
成，如性騷擾問題、性別整合的問題、壓力的問題、婚姻家
庭與小孩照料的問題等，都應及早研究，以研擬未來因應的
政策。可惜目前針對這些主題研究的文獻並不多[85]，因此本
文除了介紹國外相關的研究成果外，也對國內研究的現況做
一概述，希望能引起各界研究的興趣，一同研究我國女性軍
人的相關問題。

一、綜合研究方面

目前針對我國女性軍人的發展之綜合性論述仍嫌不足，

據筆者查詢有關我國女性軍人資料時發現，關於我國近代女性從軍報國的研究，可以從國史館或中研院近史所出版的文獻中發現，但有關民國成立後我國女兵的發展，就只有一些如謝冰瑩、張文萃等人回憶錄式的著作，雖然頗具文學性，但其真實性及學術性仍嫌不足，而且多半是描述一九五〇年代以前的事務。[86]一九五〇年代以後至今的女性軍人發展與演變，似乎找不到任何相關的著作可藉以研究或探討，有的只是因應流行的報導文章而已。[87]

二、戰爭與女性軍人方面

　　一九九七年五月陸軍官校學術研討會中筆者曾發表〈戰爭與女性軍人〉一文，為目前僅知國內唯一探討戰爭與女性軍人問題的學術論文。國外相關主題的研究甚豐，可以發展的空間也很大。有的將此主題的範圍擴大至戰爭與女性，也有縮小至戰爭與個別女性軍人；可以從戰爭研究（War Studies）的角度去談，也可以從女性研究的角度去探討。我國的歷史中能找到許多可供研究的題材，亦能將國外眾多有關此主題的研究成果和理論，與我國發展的情況相對照。

三、婚姻與家庭

　　婚姻與家庭對軍人來說非常重要，因為家庭是軍人事業的基礎與後盾，但軍人長年在軍中服役，使軍人不能花費許多精神在自己的婚姻與家庭中。一般女性軍人在進入軍中之前，總會想在身處眾多男性的軍中，交一位男友並與其結婚，將何其容易，甚至有人會有「服役四年至少要撈個丈夫才退伍」的想法，但事實真的是如此嗎？軍隊中的女性軍人是否都期望與軍人結婚？軍中有多少雙軍職的家庭及單親父母？造成女性軍人結婚或離婚的原因為何？筆者認為這些問題都需要實證研究才能得到符合實況的答案。目前國內在此方面的研究，張秉熙於一九八八年的〈軍人家庭生活與福祉〉，提及軍人的家庭問題，但未詳述有關女性軍人的問題。政戰學校社工系以及軍事行為與社會科學行為研究所對於女性軍人的家庭與福利，已有為數不少的研究成果。

四、小孩照料問題

　　小孩照料問題在我國軍中似乎都以自行解決的方式處理，一方面全國各地的托嬰保母、托兒所、幼稚園非常普遍；另一方面軍隊在這方面的設施原本就不足，目前全國只有兩家幼兒照護機構，一是位於台北的三軍托兒所，另一是位於鳳山的國軍第一育幼院。根據三軍托兒所招生作業規定，該所僅「招生小班兩班，而且以遺眷、低階、服務外島或家庭狀況特殊之官士眷童爲優先。」其結果造成僧多粥少，能享受這項資源的軍人也只限於少數。由於社會的變遷，雙軍職家庭與單親父母越來越多，如果軍職父母或單親父母在上下班單位服務的話，還勉強可以兼顧小孩的照料；如果在野戰部隊或在外島服役，則勢必要交其父母或其他親人照顧，若要托嬰或送至托兒所或幼稚園，則又增加一筆非支出不可的額外負擔。這是目前存在我國有關小孩照料的問題，對不論是雙軍職父母或單身母親的女性軍人而言，責任更形重大，造成她們內心的掙扎。因爲如果在遠地服役，孩子又無法獲得適當的照料，服役年限一到，大部分的女性軍人恐怕只會選擇退伍一途。

五、性別角色與特質

　　國內對於女性軍人性格特質的研究也正在起步。國外研究認爲女性在軍中接受軍事化的教育後，並不會變得比較男性化，而是趨向中性化及兩性化，這樣的研究結果在我國的實際情況又是如何呢？我國的女性軍人在接受軍事訓練後，

政冶態度上會和國外軍人一樣趨於保守嗎？另外我國軍中亦
有男護士的存在[88]，他們的性格特質是否比較趨向女性化？
與女性軍人比較，他們的性格特質有何差異？這些問題都是
值得探討的。國內三軍官校對於女性軍校生作了一些基礎性
研究，但是長期性、連續性與女學生不同階段性格特質變化
的研究，仍有所不足。

六、性別整合與士氣

　　近年來雖然我國擴大招收女性軍人，但總數限定不超過
總兵力的5％，亦即不會超過二萬人。這樣的人數比例分配
會不會影響單位內部的團結與士氣？肯特的花瓶主義理論及
布列洛克的少數比例歧視理論，何者比較能切合說明我國女
性軍人的實際狀況？亦即女性軍人是否會因代表性不足而受
人歧視？還是會因人數愈來愈多，對男性形成壓力，而遭致
歧視？男性軍人與女性軍人一起共事會促進工作效率，還是
會形成惡性競爭？未來我國是否可採行混合性別的訓練？這
些問題實有必要深入探討，以瞭解女性軍人的加入，對軍隊
的團結士氣，甚至戰備會產生何種影響。

七、經濟動機與影響

　　根據陳膺宇等人的調查研究顯示，國內女性軍人進入軍
中的主要動機以「就業保障、待遇不錯」的比例最高，達
64.8％。[89]這項結果和國外的研究結果相同，很多女性進入
軍隊，主要的考慮因素還是在經濟方面，亦即把軍人當做一
份工作和職業看待。然而我國女性軍人進入軍中，必須深入
探討花費多少成本，又能獲得多少效益？對於整個國家的就
業情況及總體經濟有何影響？現行國防資源的分配對女性而
言，是否公平？這些問題都有賴經濟學者的關注，並給予深
入的探究。

八、性問題與性騷擾

　　有人認為性問題及性騷擾問題的產生是人性使然；有的
人認為是社會文化所造成；有的人則認為應歸因於組織結構
因素。如果是第一項及第三項的形成原因，我國軍中出現性
騷擾的事件也就不足為奇了；如果是社會文化的因素造成，
究竟是何種社會文化使然，我國軍中是否具備這樣的文化？
上述問題都是亟待研究的。針對我國軍中性騷擾的問題，首
先要做的是具體的界定性騷擾的行為，以做為警惕與處罰的

標準；其次是明定相關的法令及規定，不應因人而異或只求息事寧人。目前國防部已成立了申訴專線以處理類似的事件，相關法令及規定也已訂頒，類似問題已經建立標準的處理模式。

九、角色與職務

　　一般而言，女性軍人在軍中所擔任的多半是行政性與輔助性的工作，但由於女性軍人晉升的需求和男性兵員的缺乏，女性軍人擔任的角色與職務勢必會愈來愈廣泛。三軍官校招收女學生後，女性軍人（此處僅指軍官）職務的規劃區分為兩類：正期軍官以連級指揮職為培育基礎，役滿留營可依個人性向及經管條件，採交互歷練方式循通才發展，或改循專業發展途徑，擔任幕僚職或教育職；專業女軍官則是在受訓八至十個月之後服役四年，培育擔任專業幕僚職。國防部也不斷地檢討女性軍人的經管派職及適任職缺，未來將有更多的專長類別對女性開放。

　　至於女性軍官是否擔任戰鬥性職務的問題，以目前招收的陸軍官校女生來說，她們所能選的兵科僅限於工兵、通信兵、運輸兵及化學兵四個戰鬥支援兵科，步兵、砲兵、裝甲兵及憲兵仍然限制女性的加入。反觀美國女性軍人已經可以

參加火箭飛彈部隊；女性憲兵在巴拿馬戰役中也是一戰成
名。[90]目前僅有少數地面直接戰鬥部隊與特戰部隊仍未對女
性開放。

十、少數民族與族群的女性軍人

　　就我國而言，少數民族與族群的女性軍人主要指的就是
原住民，至於有多少原住民女性在軍中服役，目前並未有確
實的數據，但據初步觀察，以女性士官較多，軍官較少，所
以她們該算是典型的少數中少數。這些少數的群體在軍中是
否會遭人歧視？是否會遭受文化的衝擊？她們在體能及工作
表現上和其他人比較起來如何？我想這些都是值得探討的問
題。

十一、歷史與神話

　　從我國的歷史中可以找出許多女性從軍報國的事例，但
大都是從歷史的角度去探討，很少有將歷史上女將的事例，
與現代做一比較或對比；或是以現代研究所得的理論，去對
以往的女性從軍歷史做另一番詮釋。國外許多女性主義者喜
歡從歷史或神話中，尋求女性獨立自主的典範，也許從我國
的歷史與神話中，也可以找出類似的範例。

十二、壓力觀

關於壓力問題方面，已經有相關單位開始重視這個問題，而且也採取了若干措施。據報導「國防部將強化現有心理輔導官的功能，在師級以上單位編設女性專業心理諮商老師，並增設『女性申訴專線電話或傳眞』，使女性官士兵無論在個人心理、生活起居等各方面疑難問題，均有溝通傾訴之適當管道，以紓解其心理壓力。」[91]此項做法立意甚佳，但是略嫌消極，因爲形成女性軍人壓力的原因很多，有可能是人的問題，也有可能是制度的因素，如何加強這方面的研究，並針對發生原因加以改善，才是最根本解決之道。

結語

雖然女性大量進入軍中，可以增加全民的參與，並加強其合法性，但難免會對傳統的男性化軍隊有所影響。女性軍人在軍中出現，也會使得軍隊的組織、文化和軍中的思想觀念產生明顯的難題，但無論如何，不管在部隊的基層、高度複雜的軍隊行政組織，以及製造先進武器裝備需具備的資格與專長，尤其是在志願役軍隊中，女性軍人已經成爲一群具高度與專業技能的軍人。

　　我國女性軍人制度擴大實施至今已超過十年，在能彌補
男性兵員短缺又能招收高素質女性人力的雙重效益下，女性
軍人制度和其他國家一樣備受重視，而且會逐次的加強與改
善，使女性軍人人數逐漸增加，在這種情況下，很多有關女
性軍人的深層問題也陸續的產生。國外對女性軍人的研究隨
著其女性軍人的發展歷史而漸趨成熟，相對國內在這方面的
研究則正值起步階段，亟待急起直追。雖然外國的軍隊體制
及政治與社會文化與我國不盡相同，但希望藉著本文的探
討，能引起各方學者對女性軍人研究的興趣，共同關心這個
問題，以建構屬於我國女性軍人發展的研究成果。

註釋

1 此處並不意味著女性主義者贊同女性進入軍中，事實上大部分的女性主義者是「和平主義者」（Peacism）及「反軍事主義者」（Anti-militarism），他們反對過分的軍事化、呼籲裁減軍備，而將龐大的軍事費用用來撲滅飢餓、疾病和文盲等。所以追求性別平等與反戰形成一種女性主義者的思考模式，因為到底是應該儘量爭取使用合法武裝暴力的平等權力，還是將其保留儘量推給男人？產生了不同的價值觀。參見A. Michael原著，張南星譯，《女權主義》（台北：遠流，民86），頁153。

2 如以色列將女性納入義務役徵兵的對象，規定18～26歲的婦女，凡身體健康、未婚及未被宣告有特定原因不能服役者，均需服役；服役時間為二十一個月，女性軍官則再延長六個月。參見Col. Carol Zietsman 如 "Operating in a Man's World," *Salut*(South Africa), Oktober(l995), p.28.

3 James Burk 口述，周祝瑛譯，〈社會學與戰爭的省思〉，《軍事社會學論文集》（大溪中正理工學院，1996），頁7。

4 洪陸訓，〈軍事社會學初探〉，《復興崗論文集》，第十七期，（台北政治作戰學校，1997），頁31；參見許祥文，〈淺談軍事社會學研究中的幾個問題〉，《社會科學戰線》，二期（1990），頁110；W.

von Bredow, "Military Sociology," in A. Kuper & J. Kuper(eds.)*The Social Science Encyclopedia*(Boston: Routledge & Kegan Paul, 1983), p.30.

5 如 *Women's Studies, Feminist's Studies, Sex Roles, International Journal Women's Studies* 等有關女性研究的期刊皆有類似的文章。

6 楊績蓀編，《中國婦女活動記》（台北：正中書局，1964），頁61。

7 沈明室，〈空白的女性軍人研究〉，《聯合報》，民85.11.21，頁11；近年來政戰學校軍事社會科學與行為研究所對此主題也有不少研究成果。

8 國防部公布資料見前國防部長蔣仲苓先生立法院「如何維護軍中女性軍士官權益問題」專案報告，第三屆第二會期《立法院公報》初稿，第四十九期委員會記錄，頁1。

9 Cynthia H. Enloe, "The Politics of Constructing the American Women Soldier," Elisabetta Addis, Valeria E. Russoand, Lorenza Sebestaed, *Women Soldier: Images and Realities*(New York: St Martins Press, 1994), p. 89.

10 Ibid., p.92.

11 例如，Eva Isaksson 從歷史觀點、女性與軍隊的關係，軍事經濟學、爭取平等與解放、女性與和平、各國發展趨勢等五項為研究分類；Elisabetta Addis 等三位學者則是從經濟、政治理論及心理、戰

爭、個案研究三方面來做爲該書的篇目，參閱Eva Isaksson, ed.,
Women and the Military System(New York: St. Martin's Press, 1988),
pp. v-vii. Elisabetta Addis, Valeria E. Russoand Lorenza Sebestaed,
Women Soldier: Images and Realities, op. cit., pp. v-vi.

12 陳膚宇，〈軍事社會學之研究——兼論我國研究現況與展望〉，前
文，頁28。

13 許祥文，〈淺論軍事社會學研究中的幾個問題〉，前文，頁110。

14 僅有數篇提及第二次世界大戰期間蘇聯女性參與作戰的情況，至於
第二次世界大戰後前蘇聯女兵的概況，及蘇聯解體後的現況並無學
者提及。如K. J. Cottan曾先後於一九八〇、一九八二兩年在
*International Journal of Women's Studies*發表 "Soviet Women in
Combat in World War II: The Ground Forces and the Navy," 及
"Soviet Women in Combat in World War II: The Rear Service
Resistance behind Enemy Lines and Political Worker," 兩篇論文。

15 Sandra Carson Stanley and Mady Wechsler Segal, "Military Women in
NATO: An Update," *Armed Forces and Society,* Summer(1988), pp.
561-562.

16 北約組織設有一專門委員會定期出版有關女性軍人的資料如 *Women
in the NATO Forces 1996* 等。

17 *The Role of Women in the Armed Forces, Assembly of Western European*

Union, Document 1267 Thirty-Seventh Ordinary Session, London: The Library of IISS, 1991.

18 Virgilio Ilari, "Penelope's Web: Female Military Service in Italy-Debates and Draft Proposals, 1945-92," *Women Soldier: Images and Realities*, op. cit., pp. 150-161.

19 Elisabetta Addis, Valeria E. Russoand Lorenza Sebesta, ed., *Women Soldier: Images and Realities*, op. cit., p.xvii.

20 筆者嘗試從三種不同的戰爭形式（革命戰爭、民族戰爭、現代化戰爭）去探討女性軍人在此三種不同的戰爭中所擔任的角色和參加軍隊的動機，並探討戰爭對女性的影響及未來可能產生的問題。見沈明室，〈戰爭與女性軍人〉，本書第三章內容。

21 Elisabetta Addis, Valeria E. Russoand and Lorenza Sebesta, ed., *Women Soldier: Images and Realities*, op. cit., p. xviii.

22 探討戰爭的範圍非常廣泛，從殖民地戰爭、獨立戰爭、革命戰爭到世界大戰及現代的波灣戰爭都有學者提及。

23 D. Collet Wadgeed, *Women in Uniform*(Londom: Samnps on Low, Marston & Co., Ltd., 1946).

24 戰爭新娘有兩種意義，一是指戰爭時與出征軍人結婚之女性；二是指與占領軍的軍人結婚的被占領國女性，有時與協同作戰的盟國軍人結婚之當地女性亦稱之。

25 戰爭期間性及性騷擾的問題有 Leisa Meyer, *Creating GI Jane Sexuality and Power in the Women's Army Corps During World War II*, Jean Ebbert, Marie-Beth Hall, *Crossed Currents: Navy Women from WWI to Tailhook*；女性戰俘問題有 Dorthy Davis Thompson, *The Road Back A Pacific POW's Liberation Story*；戰爭新娘問題有 Janel Virden, *Good-Bye Piccadilly British War Bride in America.* Ben Wicks, *Promise You'll Take of My Daughter: the Remarkable War Bride of World War II*。

26 Nancy L. Goldman, "Trends in Family Patterns of U. S. Military Personnel During 20 Century," in *The Social Psychology of Military Service*, ed., Nancy L. Goldman and David R. Segal(Beverly Hills, Cliff Sage, 1976), pp. 119-120.

27 根據高德曼書中的資料，美國士兵結婚的比率從一九五三年的33% 到一九七八年的58%，軍官在一九七八年的比例則為78%，上尉 階軍官更高達81%。

28 Richard J. Brown III, Richard Varr, and Dennis K. Orthner, "Family Life Patterns in The Air Force," in *Changing U. S. Military Manpower Realities*, ed., Franklin D. Margiotta, James Brown, and Michael J. Collins(Boulder, Colo: Westview Press, 1983), pp. 207-220.

29 Dennis K. Orthner, *Families in Blue: A Study of Married and Single*

Parent Families in the U. S. Air Force(Washington DC Office of the Chief of Chaplains, U. S. Air Force, 1980), p. 12; Mady Wechsler Segal, "The Military and the Family as Greedy Institutions," *Armed Forces & Society*, Fall(1986), p.28.

30 *Newsweek*, August 5, 1991, p.25.

31 Cynthia H. Enloe, "The Politics of Constructing the American Women Soldier", op. cit., p. 101.

32 Kate Muir, *Arms and the Woman*(London: Cornet Books, 1992), pp. 146-155.

33 Monique Ellis, "We Need More Child-Care Options," *Army Times*, April 21, 1997, p.54.

34 Karen Jowers, "Clinton: Pentagon Can Teach Day Care 'Lessons' to Nation," *Army Times*, May 12, 1997, p.12.

35 M. E. Wertsch, *Military Brats: The Legacy of Childhood Inside the Fortress*(New York: Crown, 1991).

36 Nick Adde, "Black Hawk Pilot Versus Motherhood," *Army Times*, February 10, 1997, p.3.

37 Lois B. DeFluer and Rebecca L. Warner, "Air Force Academy Graduates and Nongraduates: Attitudes and Self-Concepts," *Armed Forces and Society*, Summer (1987), p. 517.

38 Susan E. Martin, *Breaking and Entering*(Berkeley: University of California Press, 1980), pp. l09-l37.

39 李美枝,〈社會變遷中中國女性角色及性格的改變〉,《婦女在國家發過程中的角色研討會論文集》(台北:國立台灣大學人口研究中心,1985),頁457。

40 Lois B. DeFleur and Rebecca L. Warner, "Air Force Academy Graduates and Nongraduates: Attitudes and Self-Concepts," op. cit., p.529.

41 Ibid., p.528.

42 Ibid., p.529.

43 Ibid., p.530.

44 Christine L. Williams, *Gender Difference at Work: Women and Men in Nontraditional Occupation*(Berkeley, Calif: University of California Press, 1989), p.158.

45 U. S. Army Research Institute for the Behavioral and Social Science, Women Content in Unit Force Development Test(MAX WAC) (Alexandria, V. A. : U. S. Army Research Institute, 1977); Cecil F. Johnson, Bertha H. Cory, Roberta W. Day and Laurel W. Oliver, *Women Content in the Academy*(REFWAC 77) (Alexandria, V. A. : U. S. Army Research Institute, 1978).

46 Paul L. Savage and Richard A. Gabriel, "Cohesion and Disintegration in the American Army: An Alternative Perspective," *Armed Forces & Society*, 3(1976), p. 349.

47 Jaqueline A. Mottern and Z. M. Simutis, "Gender Integration of U. S. Army Basic Combat Training," in *Proceedings of the 36 Annual Conference of the International Military Testing Association* (Rotterdam, The Netherlands, 25-27 October, 1994), pp. 24-29.

48 Paulette V. Walker, "Mixed Companies Become the Normal," *Army Times*, 15 January 1995, p. 12.

49 M. C. Devilbiss, "Gender Integration and Unit Development: A Study of GI Joe," *Armed Forces & Society*, Summer(1985), p. 543.

50 Dana Priest, "Army May Restudy Mixed Sex Training," *Washington Post*, February 5, 1997, p. A01, http://www.washington post.com/.

51 Hubert M. Blalock, *Toward a Theory of Minority Group Relations*(New York: Capricorn, 1970), Chapter 5.

52 Rosabeth M. Kanter, "Some Effect of Proportions on Group Life: Skewed Sex Ration and Responses to Token Women," *American Journal of Sociology*, 82(1977), pp.965-990.

53 Leora N. Rosen, Doris B. Durand, Paul D. Bliese, Ronald R. Halverson, Joseph M. Rothberg and Nancy L. Harrison, "Cohesion and Readiness

in Gender-Integrated Combat Service Support Units: The Impact of Acceptance of Women and Gender Ratio," *Armed Forces & Society*, Summer(1996), pp. 537-553.

54 另外也有學者探討有關國防的建設,特別是國防工業對女性的影響,但也有學者得出相反的結果,美國女性研究與教育中心在一九九〇年的報告顯示「只要女性在非傳統行業中形成少數的群體,潛在的障礙就仍然存在。此報告並建議少數群體在能擁有實質的影響力並造成改變前,必須儘可能的掌握30%的職務,以免遭受多數群體的敵視和威脅。」參見 The Women's Research and Education Institute, *The American Women 1990-1991*(New York: W. W. Norton and Company, 1990), p. 185.

55 Leora N. Rosen, "Cohesion and Readiness in Gender-Intgrated Combat Service Support Units: The Impact of Acceptance of Women and Gender Ratio," op. cit., p.550.

56 Christopher Dandeker and Mady Wechsler Segal, "Gender Integration in Armed Forces: Recent Policy Development in the United Kingdom," *Armed Forces & Society*, Fall(1996), p. 42.

57 Elisabetta Addis, "Women and the Economic Consequences of being a Soldier," *Women Soldier Images and Realities*, op. cit., p. 17.

58 Tschai Berhane-Selassie, "The Impact of Industrial Development:

Military Build-up and Its Effect on Women," *Women and the Military System*, op. cit., pp. 156, 170.

59 Marion Anderson, "The Impact of the Military Budget on Employment for Women," *Women and Military System*, op. cit., pp. 133-141.

60 Army Policy on EO and Sexual Harassment, From *Gender Issues Pages*.

61 S. S. Tangri, M. R. Burt and L. B. Johnson, "Sexual Harassment at Work Three Explannatory Models," *Journal of Social Issues*, 38(1982), pp. 33-54.

62 Juanita M. Firestone and Richard J. Harris, "Sexual Harassment in the U. S. Military: Indilvidualized and Environmental Contexts," *Armed Forces & Society*, Fall(1994), p.31.

63 Ibid., p.40.

64 Ibid., p.41.

65 《聯合報》，民85.12.28，頁10。

66 《聯合報》，民86.5.8，頁10。

67 Mary V. Stremlow, *Coping with Sexism in the Military*; Jean Zimmermen, *Tailspin: Women at War in the Wake of Tailhook*; Jean Ebbert, *Crossed Currents: Navy Women from WWI to Tailhook*; Marie-Bath Hall, Leisa R. Meyer, *Creating GI Jane: Sexuality and Power in the Women's Army Cops During WWII*，軍中女同性戀問題可參見

Winni S. Webber, *Lesbians in the Military Speak out.*

68 *The Role of Women in the Armed Forces, Assembly of Western European Union*, Document 1269, 13 May 1991, p.38.

69 《中國時報》，民86.6.23，頁10。

70 Christopher Dandekev and Mady Wechsler Segal, "Gender Integration in Armed Forces: Recent Policy Developments in the United Kingdom," *Armed Forces & Society*, Fall(1996), p.30.

71 David J. Armor, "Race and Gender in the U. S. Military," op. cit., p.20.

72 Army Policy on EO and Sexual Harassment, op. cit., p.l.

73 《聯合報》，民86.3.13，頁10。

74 《聯合報》，民86.5.30，頁10。

75 Valeria E. Russo, "The Constitution of a Gender Enemy," *Women Soldier: Images and Realities*, op. cit., p. 54.

76 Jessica Amanda Solmonson, *The Encyclopedia of Amazons: Women Warriors from Antiquity to the Modern Era*; D. von Bothmer, *Amazons in Greek Art*(Oxford: Clarendon, 1957).

77 參見樂平著，《巾幗不讓鬚眉：中國古代女將小傳》（鄭州：中州古籍出版社，1991年），頁219。

78 Patricia B. Hanna, "An Overiew of Stressors in the Careers of U. S. Servicewomen," *Women Soldier: Images and Realities*, op. cit., pp. 60-

73.

79 Ibid., p. 74.

80 Pamela Abott and Caaire Wallace 等著，俞智敏等譯，頁 137 ； 張萍主編，《中國婦女的現狀》（北京：紅旗出版社，1995），頁 98-115。

81 Cynthia H. Enloe, "The Politics of Constructing the American Women, Soldier," *Women Soldier: Images and Realities*, op. cit., p. 95.

82 Julie Wheelwright, "It was Exactly Like the Movie!: The Media's use of the Feminine During the Golf War," *Women Soldier: Images and Realities*, op. cit., pp. lll-134.

83 Cynthia H. Enloe, "The Politics of Constructing the American Women Soldier," op. cit., p.99.

84 我國陸軍總部在一九九六年頒訂對「女性軍士官管教與輔導具體精進作法」及「大漢營區女官隊生活管理規定」。

85 陳膺宇教授在其所著〈軍事社會學之研究——兼論我國研究現況與展望〉一文中，詳細列明國內有關軍事社會學的著作與論文，可以說國內有關的文獻都已在其中，可惜有關女性軍人主題者仍然不多。見陳膺宇，前文。

86 如謝冰瑩的《女兵自傳》、《抗戰日記》；張文苹的《阿猴寮女兵傳》及陸震廷的《中華女兵》等。

87 如《中央月刊》曾在30卷1期（民國86年1月）對陸軍官校女生做
　　專題報導；《青年日報》亦有系列報導；近一、二年國防部的《奮
　　鬥》月刊及《勝利之光》也有相關的報導。

88 國防醫學院護理系從一九九五年起開始招收男生，另外軍中還有爲
　　數不多的男性護理軍官：見《青年日報》，民85年11月9日，頁
　　4。

89 此數據引自陳膺宇、陳志偉、張翠蘋等之國防部研究計畫《女性軍
　　人個人特質與環境適應之研究》。

90 美國Linda Bray上尉曾帶領一小隊男性士兵攻占巴拿馬一座軍方的
　　軍犬中心見Cynthia H. Enloe, "The Politics of Constructing the
　　American Women Soldier," op. cit., p.98.

91 《青年日報》，民85.12.18，頁3。

第二章

各國女性軍人的發展概述

女性軍人的形象應多元化的呈現，不要讓女性軍人
好不容易跳脫傳統刻板印象的框框，卻又跳入另外
一個專為女性軍人而設的印象框架。

——蔡貝侖

　　就歷史傳統來看，從事戰爭等軍隊的事務大都由男性所獨占，女性幾無置喙的餘地。所以有學者認為女性自卑情結的主要原因，就在於女性不必參與戰爭。[1]但在第一次世界大戰以後，這種情況似乎已經逐漸改變了。由於工業革命的影響，戰爭的形態產生重大的改變，參與戰爭的國家必須動員大量的人力來從事戰爭，使得大量的男性工人被徵召到戰場，遺留下來的工作則由女性遞補；而軍隊一些輔助性的工作，則開始由女性接手，使女性人力大量進入軍中。第二次世界大戰爆發之後，由於範圍更廣，動員的人力更多，女性軍人進入軍中的規模也達到高峰。

　　西方國家如歐美各國軍隊開始女性軍人制度的時間並不相同，她們從事的工作也有些許的差異。大致來說，當大型的戰爭發生時，女性加入軍隊參與戰爭的機率比較高。例如，美國女性遠在南北戰爭時期，就有人加入軍隊參與作戰。而第一次、二次世界大戰及韓戰、越戰都有女性參與。[2]這段期間軍隊有女性存在，都是因為發生大規模的戰爭，需要有人替換某些男性的工作，使她們能被派赴沙場作戰，或是在戰場上需要女性做些醫療救護的工作，因此在這種特殊時期，軍中的女性數量自然很多，但在承平時期女性則又退出軍隊重返家庭。

　　戰後受到男性軍人返鄉的影響，許多女性從事的工作被迫交還給男性，導致女性軍人發展大幅萎縮，直到一九七〇年代以後才又蓬勃的發展。反觀我國，從一九九一年擴大招收女性軍士官後，我國原有的女性軍人數目已接近萬人，我國女性軍人規模上限將可達5％，亦即二萬人左右。在人數與規模愈來愈大的情況下，有必要瞭解世界各國女性軍人的發展概況。

第一節　女性軍人擴大發展的原因

　　西方各國在一九七〇年代相繼頒布新的女兵徵補政策，使得各國女兵的數量開始增多，比率也大爲增加。造成這種現象的原因，綜合各家說法，主要有以下三種：

一、女性主義運動的推波助瀾

　　女性主義（Feminism）一詞一般性的說法係指「歐美發達國家中主張男女平等的思潮」，是一個有其特定時代、國界和文化涵義的概念，可以具體的指其爲歐美發達國家主流社會中，中產階級婦女反對性別歧視、爭取男女平等的思潮。[3]受到這個思潮的影響，婦女爲了爭取平等的權利，風起雲湧的發起一系列的婦女解放運動，[4]尤其到了一九七〇

年代，成果也最豐碩。例如，美國在一九七二年通過禁止性
別歧視的平等權利憲法修正案；到了一九七三年，登錄在
《婦女解放指南》的團體已經超過兩千個組織。[5]

　　雖然沒有直接證據證明女性主義運動是歐美女性軍人增
加的原因，但因為女性主義爭取男女平等思潮的影響，造成
民智大開，而大幅掃除女性進入軍中的障礙，並推動各國政
府國防人力的政策取向。

二、役男的短缺

　　由於西方國家經濟發達和社會的發展，一九七〇年代人
口出生率降低，役齡男子的數量也大量下降，尤其在那些將
徵兵制廢除改採志願兵役制的國家更是明顯。[6]而人力短缺
的解決辦法之一就是增加對女性的依賴。尤其實行全志願役
的國家在難以招募足額男性兵員的情形下，更是擴大了女性
的參與。

三、戰爭形態的轉變

　　受到武器科技日益現代化的影響，兩軍面對面布陣作戰
的形態或將成為歷史，取而代之的是以資訊和科技為基礎的
現代化戰爭。現代化戰爭講求遠距離偵搜與精準打擊，不再

強調近身肉搏作戰的重要性，使得體格條件受到先天限制的
女性得以有機會至軍中服務，因而女性軍人的人數日益增
加，從事工作的範圍也較以前更大。

　　回顧一九七〇年代北約各國的女性軍人，顯示女性在十
二個北約會員國中有某些不同的軍事地位。[7]例如，其中有
四個國家對女性服役的限制相當嚴格；西德女性在軍中僅能
擔任醫護人員；希臘和葡萄牙的女性軍人僅能擔任護士；土
耳其則僅能擔任士官。挪威女性軍人服役的比例最高；另有
八個國家允許男性及女性在同一軍種服役的。當時所有的北
約國家都不准女性擔任戰鬥任務，大部分的國家都不讓女性
接受武器訓練，若有則是用來自衛而非戰鬥；雖然陸續有新
的軍職對女性開放，但大多數女性仍留在傳統的部門服役，
例如，行政、通信、衛生醫療等。[8]由於當時美國及英國已
經廢止徵兵制度，因此女性軍人的人數最多。

第二節　北約及西方國家女性軍人的現況

　　對於北約及西方國家女性軍人現況的數據主要可以參考
每年定期出刊的《軍事平衡》。每年《軍事平衡》都會委託
各國學者專家，針對該國的軍事情況填一份問卷，做為該刊
的資料來源之一，所以有些資料很正確，有的資料則有待查

表2-1 世界各國女性軍人現況一覽表

國家	軍隊總數	女性軍人	國民所得（2002）
阿爾及利亞	124000	少數	7300
阿根廷	70100	少數	10106
澳大利亞	50700	7270（14%）	24500
奧地利	34600	少數	24235
巴哈馬	860	60（6%）	12700
比利時	39420	3230（8%）	26193
巴西	287600	少數	6700
汶萊	5900	700（12%）	7100
保加利亞	77260	少數	4832
加拿大	56800	6100（11%）	22100
智利	87500	1000（1%）	12800
中國	2310000	136000（6%）	4300
哥倫比亞	158000	少數	5900
古巴	60000	少數	2100
塞浦路斯	10000	423（4%）	15409
丹麥	32900	960（3%）	21800
厄瓜多	59500	少數	4500
芬蘭	32250	500（1.5%）	23772
法國	273740	18760（7%）	25300
德國	308400	6200（2%）	24500
希臘	159170	5520（3.4%）	14624
瓜地馬拉	31400	少數	4500
匈牙利	33810	少數	8528
印度	1263000	200（0.1%）	1900
印尼	299000	4000（1%）	4000

（續）表2-1　世界各國女性軍人現況一覽表

國家	軍隊總數	女性軍人	國民所得（2002）
伊朗	513000	少數	7400
愛爾蘭	10460	200（2%）	25085
以色列	163500	11000（7%）	19200
義大利	230350	少數	20000
日本	239800	10200（4%）	23200
約旦	100240	少數	3200
肯亞	24400	少數	1500
南韓	683000	21000（3%）	15000
賴比瑞亞	15000	少數	600
利比亞	76000	少數	5400
馬來西亞	100500	450（0.4%）	12900
墨西哥	192770	少數	8800
莫三鼻克	11600	女性須服兵役	900
緬甸	444000	200～400（0.09%）	1400
荷蘭	50430	4155（8%）	25171
紐西蘭	9230	1340（15%）	15500
尼加拉瓜	16000	少數	2200
挪威	26700	427（1.5%）	26400
巴拿馬	11800	少數	7100
菲律賓	107000	600（0.5%）	3400
葡萄牙	43600	2875（6.6%）	16370
中華民國	35000	8000（2.2%）	16800
羅馬尼亞	103000	少數	4583
俄羅斯	977100	100000（10%）	7600

（續）表2-1　世界各國女性軍人現況一覽表

國家	軍隊總數	女性軍人	國民所得（2002）
新加坡	60500	約3500（6%）	26000
索馬利亞	64500	少數	800
南非	61500	8640（14%）	6281
西班牙	143450	9400（6.5%）	18703
蘇丹	11700	少數	1709
瑞典	33900	少數	24032
瑞士	3600	少數	30017
坦桑尼亞	27000	少數	737
泰國	306000	4460（1.5%）	8500
土耳其	515100	少數	6101
英國	211430	16430（7%）	23422
美國	1367700	199850（15%）	34300
委內瑞拉	82300	少數	8800
越南	484000	不詳	1000
尚比亞	21600	少數	1000
辛巴威	39000	少數	2300

註：

1. 以色列採行女子徵兵制度，除具備免徵兵的條件（如已婚、懷孕、母親）外，均須服兵役，役期21個月，女性軍人確實數字並未公開，此處人數以11%計算。此數據來源係引自南非軍事雜誌*SALUT*之一九九五年十月號的資料，頁26。

2. 利比亞設有女子軍校，規模很小，用以訓練女性軍官，確實數字不詳。

3. 兩德未統一前，均招募女性軍人，西德並曾於一九八二年計畫招募300名女性進入軍中（約半數為文職），兩德統一後，軍隊總數減少，但女性軍人繼續保留。

資料來源：

1.International Institute for Strategic Studies, *The Military Balance*. London, 2002-2003.

2.Elisabetta Addis, "Women and the Economic Consequences of Being a Soldier", from Elisabetta Addis ed. *Women Soldier: Images and Realities*. New York: St. Martins Press, Inc.1994, pp.7-10.

3.Carol Zietsman, "Operating in a Mans World," *SALUT*, Oct. 1995, pp. 26-29.

4.Eva Isaksson ed. *Women and the Military System*. New York: St. Martins Press. 1998, pp. 417-424.

5.左立平、左立東，櫻姐，《世界女兵女警》。北京：國防大學出版社，1993年12月，頁32～39。

證，近二年的《軍事平衡》並未註明每一國家女性軍人的人數。另外，像以色列的女兵是舉世皆知的，在這份刊物上卻沒有顯示出來；我國軍招募女性軍人也有多年的歷史，這份刊物亦未顯示，故須另外參考其他文獻加以彙整而成。[9]

　　從表2-1中可看出總共有三十三個（有少數者不列計）國家的軍隊招募女性軍人，美國的數目最多，共有十九萬九千八百五十人，其次是俄羅斯和中國都超過十萬人。另外除少數國家外，大部分國民所得超過一萬美金的國家，都實施女性軍人制度。有少數國家分別是冰島、科威特、盧森堡、毛立提亞斯、卡達、沙烏地阿拉伯、阿拉伯聯合大公國等雖然國民所得均超過一萬元，但未招募女性軍人。可以歸納有幾個因素：一是政治因素（盧森堡）[10]；二是宗教因素（如中東地區的回教國家）；三是中立國家根本沒有軍人（冰島）。這些國家招募或不招募女性軍人的原因，或許經比較研究之後，可以在政治文化或是社會學領域上會有一些啓發性的意義。

其他國民所得未達一萬美金卻有超過1%女性軍人的國家有汶萊、中國、印度、印尼、俄羅斯、南非等國。中國及俄羅斯受到共黨革命傳統的影響，不但女性軍人的歷史久遠，數量也很龐大，分居第二、三位。南非因受到建國影響及原有軍事傳統的影響，也有數千女性軍人的存在，尤其新政府建立後，更有愈來愈多的黑人女性進入軍中。印度雖然有女性軍人，但僅有二百人而已。

以下先就北約及西方國家逐一探討：

一、比利時

比利時的法律與軍事政策均禁止性別歧視，一九七八年，比國政府通過「女性政策權利法條約」（the Treaty on the Political Rights of Women），同年，也通過一項有關禁止性別歧視的就業法案「新經濟法」。一九八一年，比國皇室下達行政命令指出，該新經濟法同樣適用於軍中。此法實施後，比國就沒有任何的法律與軍事政策規定不准女性參與部隊戰鬥及其他職務，原本限制女性參與的某些職務或專長亦同時開放。[11] 一九八八年比利時政府頒布一項法令，允許女性自願入營服役，從事與男性軍人相同的工作，此項命令使女性參與軍隊的人數倍增。[12]

雖然原則上女性在軍中享有與男性相同的權利和責任，但仍無法確實得知比利時女性軍人是否真的被指派到各種職務，甚至包含各種作戰性的職務。從一九七五年開始，比國開始徵召役男，女性則採志願方式入伍。自一九八〇年代初期開始，比國女性軍官與士兵在軍中數量的比率一直維持穩定的數字，二〇〇二年的數目是三千二百三十人，比例占8%（見表2-1）。目前比利時對女性軍人解除了一切限制，幾乎開放所有的軍事職務給女性，並允許女性軍人直接參戰，允許女性軍人駕駛戰鬥機，並可參加戰鬥飛行。

二、加拿大

加拿大以往的國防政策並不讓女性從事戰鬥職務，但該規定已重新修改，部分有關作戰單位的職務已開放給女性軍人。起初除了被視為最直接戰鬥的職務外，其餘幾乎所有的職務專長都已對女性開放。由於女性通常不在戰鬥部隊、專業部隊及野戰部隊服役，軍方會實驗性的讓女性短期擔任某些較吃重的職務。特種軍事專長需維持一定數量的男性，也因為輪調制度、兵員補充與現有清一色男性部隊等因素，常使某些專業部隊的男性軍人數量不足。加國軍隊對男女性均採志願役的方式入伍，除了上述的限制外，男女服役狀況機會均等，軍方亦未限制女性官階的昇遷，早在一九七八年六月，加拿大就有一位女性軍官升至准將。

現在有許多女性在加拿大北方的獨立據點、陸軍的營級部隊、海軍的非戰鬥艦及空軍的海上巡邏機隊服役。據估計，大約有75％的軍中專長與職務開放給女性。有少數女性已接受戰鬥機飛行訓練，並擔任F-18戰鬥機駕駛。加拿大女性軍人的數量在一九八七年時為總兵力的9.2%，到了二○○二年則增加至11%，共有六千一百人。[13]

三、丹麥

丹麥在一九七八年通過實行的平等條約法案，禁止社會與軍中有性別歧視，但是軍中的特別法又規定，女性不得擔任戰鬥及相關的職務，如陸軍的步兵、裝甲兵、砲兵、騎兵、工兵、航空兵；海軍的潛艦、護漁機艦、蛙人部隊及航空兵；空軍的飛行部隊、近接戰鬥單位、防空及飛彈部隊

等。事實上女性可派至直接作戰的單位,但不會擔任作戰之
職務,女性只有在其單位或營區遭敵攻擊時,才有可能參加
戰鬥。[14]

一九八七年丹麥約有八百二十一位女性軍人,占總兵力
的5.2%,後來軍方從一九八一年開始擴大女性在軍中的地位
和角色,目前約有九百六十位女性軍人(見表2-1)。從一九
八四年到一九八七年間,軍方實施過許多方案來評估女性赴
陸軍及空軍作戰單位服役的可能性,其中陸軍單位包括戰
車、裝步、野戰砲兵、防空砲兵等部隊;空軍則有飛彈、防
空、近接戰鬥等。經過評估之後,女性軍人存在的價值受到
肯定,所以未來丹麥的女性軍人在數量和比例上仍會再增
加。[15]

四、法國

法國自一九四〇年起開始招收女兵,一九七五年規定軍
中不得有性別歧視,國家法律雖沒有禁止女性從事作戰任
務,但軍方的法令規定則禁止女性從事陸軍、外籍兵團的作
戰任務及空軍的一些特殊職務(如運輸機以外的飛行員職務
與空中突擊隊)。[16]

自一九八三年起,陸軍的女性已可從事更多不同的職

務，包括作戰部隊的職務。空軍除了一些特別的單位及突擊
隊外，其他如機械工程、一般勤務及補給單位的各專長職務
均可指派女性擔任。所有的地勤工作均對女性開放；飛行工
作則僅空中運輸對女性開放；女性海軍軍官可在某些工作崗
位上任職，如技勤管理單位、特業參謀群、設計工程單位及
特業參謀。女性士官可以選擇各種不同的職務，海軍女性軍
事人員一般在岸上服勤，僅少數可被調派至水面艦艇服役。
因而陸軍女軍官人數增加了13%，海軍女軍官增加了16%，
衛生勤務部隊有40%是女性，憲兵則有一百六十名女性，此
外尚有女性擔任直昇機與運輸機的飛行員。

　　法國女性軍人採志願入伍方式，女性與男性之間的訓
練，視兵種差異而有所不同，大致來說，男女性之間在入伍
訓練及基礎訓練上已經沒有很大的差別，兩者在更進一步接
受高級訓練的機會上也都均等；女性士官的基礎訓練是獨立
的，特種專業訓練則與男性一樣。就其他服役情況來說，兩
性大致平等，女性在階級的升遷上，也不受軍方法律的約
束，目前法國女性最高階級是准將。

　　法國女性軍人總人數在一九八五年底總共有一萬三千五
百人，約占總兵力的2.4%，隔年總人數增加到二萬零四百七
十人，占總兵力的3.7%，[17]到了二○○二年降至一萬八千六

百五十人，占總兵力的7%（見表2-1）。雖然在總人數上減少了，但在比例上卻增加了。

五、德國

　　德國女性軍人的存在，源自於軍中外科醫官的短缺。德國由於缺乏男性醫官，經過長時間的爭辯後，聯邦議會於一九七五年正式承認德國第一位女性外科醫官。目前女性醫官的科別包含外科、牙科、藥劑科及婦產科，而且都已派至三軍服務。雖然各軍種的勤務局、醫院、學校都有女性醫護人員，但她們仍不得在前方野戰醫院或海軍作戰艦上服務。

　　德國男性採取徵兵制，女性只能選擇擔任醫官。女性軍官的訓練和男性一樣，僅武器與訓練方面有選擇性，所擔負的責任亦與男性相同，各種服勤的狀況也相等。軍中對女性官階的升遷並無限制，目前最高階的女性醫官是上校。[18]在女性軍人的數目方面，兩德未統一前大約是一百五十人左右，到了一九九五年則有三百人，約占所有軍人的0.9%，到了二○○二年德國女性軍人大幅增加到六千二百人，約占所有軍人的2%。

六、希臘

　　希臘的憲法早於一九七五年就已規定男女兩性應該平等，該條法令亦適用於軍中，一九七八年軍方規定女性除了某些被認爲不宜的工作外，可擔任與男性一樣的勤務。此外，軍方亦依據同樣的法令規定，成立軍中的護理部門，但仍禁止女性從事戰鬥的任務。第一批非護理人員的志願役女性於一九七八年十一月加入軍中，於一九七九年三月完成訓練並分發三軍服役。[19]

　　希臘的成年男性均須服兵役，法律規定年齡二十到三十二歲的女性可藉由徵召加入部隊服役，但此狀況僅限於戰時或動員時才可能發生。若在承平時期遭遇特殊情況必須徵召女性，其權責屬於國防部，但必須經過議會同意。男性與女性的役期仍有一些差異，女性役期是十四個月，志願役爲五年；男性役期則由二十一至二十五個月不等，依軍種的不同而有所差異。

　　女性護理人員在護理軍官學校接受訓練，部分高級課程也對女性開放，但僅限於醫護專長的課目；女性的基礎訓練課目雖和男性一樣，但仍可依性別的特性加以調整。男女在生理體能上的要求仍有差別，女性標準比較低。至於各種專

長的高級訓練課目方面大致是平等的,男女性基礎訓練通常
分開實施,高級訓練則力求在聯合訓練中心一同實施。[20]

　　男性與女性在待遇、軍紀要求及退伍制度方面均相同,
護理軍官最高可升至上校官階,但是女性在其他官科的發
展,仍然有限;女性非護理官科人員在經過特別訓練之後,
以士官任用,其中僅極少數可在長期的訓練中升為軍官。具
備大學文憑的女性經過二個月的訓練後,可以成為軍官,且
未來可在三軍擔任後備軍官;女性士官可升至士官長,目前
已有女性擔任此項職務。

　　希臘女性軍人的數目與比例一直保持穩定的數字,一九
八七年六月希臘女性軍人有一千七百三十二人,占總兵力的
1.02%,[21]一九九五年則增加至五千六百人,占3.28%,到了
二○○二年則仍維持五千五百二十人,占4%（見表2-1）,
顯示女性軍人在希臘的發展已經成長。

七、冰島

　　根據《軍事平衡》的資料,冰島本身並沒有軍隊存在,
故而也無女性軍人。

八、義大利

　　義大利儘管對女性是否可以進入軍中的問題曾有長期且熱烈的討論，而且目前也有女警服務。雖然法律上明確規定不得有性別歧視，但不適用於軍中，原本對女性是否進入軍中服役爭辯許久，[22]目前義大利已開放女性軍人服役。

九、盧森堡

　　盧森堡法律規定不得有性別歧視，並且軍中也適用，軍方的法令亦明確規定禁止性別歧視，更沒有任何法令規定盧森堡女性在軍中不得參加或應受限制那些工作職務。盧森堡採志願役制度，第一批女性進入軍中是在一九八七年四月，其從事的工作職務性質及是否會被指派擔任作戰任務，當今尚無詳細資料可以查明。

　　目前盧森堡男女服役的情況大致相等，迄今並無女性軍官。依據該國國防部資料報告，女性軍官最高可升至上校，同時未來女性人員在軍中的數量及比例將會增加。

十、荷蘭

　　荷蘭在一九五三年所提的女性參政權的紐約協議（The

1953 New York Treaty on the Political Rights of Women）直到
一九七一年才爲國會通過。由於該條約亦適用於軍方，荷蘭
政府原則上決定軍方的各種職務工作，包括戰鬥性職務均可
開放給女性；此一規定爲後來女性加入軍隊的過程開創了新
的里程碑。到了一九七九年男女平權的法令明文規定後，女
性進入軍隊就變得風起雲湧，但是軍方基於生理體能與維護
個人隱私權的要求，仍不准女性在陸戰隊及潛艦上服役。

　　由於荷蘭男子均須服兵役，故政府尚未考慮徵召女性服
兵役，僅招收志願役人員。軍中男女一律平等，女性階級的
升遷不受軍方法令的限制，一九八六年女性軍人最高階級爲
中校，目前有無改變仍待查明。

　　一九八〇年代時，荷蘭軍方採取了一些改革的作法，例
如，軍校開始招收女生，海軍戰鬥支援艦實驗性的招收女性
軍人。由於這些實驗性的作法成效良好，荷蘭國防部長決定
繼續允許女性派赴軍艦服務。一九八六年十二月，荷蘭第一
位女戰鬥機飛行員於美國德州的北約聯合戰鬥機飛行訓練中
心畢業後，就立即派往荷蘭擔任F-16戰鬥機飛行員。[23]

　　荷蘭女性軍人的人數在一九八四年末爲一千一百五十三
人，占總兵力的1.2%，到了一九八八年上升至2.9%，[24]一
九九五年則有二千六百人，約占總兵力的3.49%，到了二〇

〇二年則有四千一百五十五人，占總兵力的8%（見表2-
1）。從數目的改變可看出荷蘭軍方正漸漸增加女性軍人的比
重，並且有計畫招收更多的女性軍人，同時提升女性升遷機
會及增加其對部隊的適應力。

十一、挪威

　　一九七七年挪威當局初步決議准許女性從事軍隊中非戰
鬥性的職務，其中大部分從事行政管理、技術與醫護工作，
且數量有限。[25]一九七九年，挪國立法規定不得有性別歧
視，在陸續通過的幾個法案中，解除了各項對女性的限制；
到了一九八三年，女性已可志願從軍，其最初的役期與男性
相同。

　　挪威軍中的服役狀況男女皆同，且個人之軍事訓練均要
求須在四十四歲或五十五歲前能至動員部隊服務。戰爭狀態
時，男女性均須動員至現役部隊服務，在軍紀要求方面，男
女之間仍存有差異，如女性不能以軍紀案件為由加以逮捕。
女性升遷不受限制，當前官階最高的女性是中校。挪威服役
的女性在二〇〇二年大約有四百二十七位，約占總兵力的
1.5%。

十二、葡萄牙

葡萄牙雖然立法規定不得有性別歧視,各種法律與政策也未提及女性不能擔任戰鬥任務,但軍方仍屬例外。目前葡萄牙有少數的女性軍人存在,一九八八年時僅有九位女性軍人(七位護理、一位外科醫師、一位牙醫),均爲一九六〇年代殖民地戰爭期間所招收的女性軍官。這些女性軍官的訓練、待遇、軍紀要求與退休規定均與男性相同,當時最高階爲中校。

從第一位女性從軍以後,女性在軍中的微小數量與比例狀況幾乎不變,一九八一年有十位女性軍人在軍中服役,一九八六年十二月時只剩九人,約占總兵力的0.012%,到了二〇〇二年,女性軍人數增加爲二千八百七十五人,占總兵力的6.6%(見表2-1)。

十三、西班牙

西班牙雖立法規定不得有性別歧視,也允許女性從軍,但開放女性進入軍中是最近幾年的事。根據《軍事平衡》的資料,目前西班牙有九千四百位女性軍人,占總兵力的6.5%,女性軍人數大幅增加,和許多北約大國發展情況相似。

十四、土耳其

　　依據土耳其在一九六一年及一九六七年的法律規定，軍方不得有性別歧視，卻規定女性不得從事戰鬥任務。女性以派任方式擔任軍官，在軍中的權利義務等同於男性，然卻被排除到戰鬥單位服役及進入軍官學校進修。女性可在司令部的階層擔任駕駛或在空軍指揮部擔任後方勤務飛行工作。另外指揮部內的兵工與人事行政部門、訓練機構的教官、港口、工廠的工程人員、製圖工程師、外科醫師、物理治療師、藥劑師與護理人員都有女性軍人參與。[26]

　　土耳其女性採志願方式入伍，雖然男女軍官大部分服役狀況平等，但女性役期較短，平均退伍年齡比男性年輕，女性最高可升至少將，目前軍階最高的為上校。土耳其軍中女性軍官的數量仍少，但一九八四年十二月至一九八七年八月期間，女性軍人數量增加了一倍多，由二十七位到六十三位，所占比率不到軍官的1%（《軍事平衡》中沒有土耳其女性軍人的數字），目前正有計畫的擴大女性護理士官的角色。

十五、英國

一九七五年英國國家法案規定，各種職業與訓練不能有性別歧視，但由於軍事作戰的特性，軍方仍規定女性不得直接從事戰鬥。[27]例如，陸軍女性不得被派至裝甲師或快速反應部隊等第一線單位，或派赴海外作戰，但基本上，所有非戰鬥性職務均開放給女性。

英國男女均不採徵兵制，有些兵科中，女性最初役期和簽約方式與男性軍人有別，此外女性軍人結婚後可辭去部隊的工作。在訓練課程方面，陸、海軍的女性基礎訓練不論時間及課目的內容上均與男性有差異。女性在陸軍所接受的訓練中，戰術與野戰訓練課目較少，一般行政性課程較多；海軍女性在水手與戰鬥訓練方面的課程較男性少，有些課程則一起實施，有些課程則男女分開。在士兵的基礎訓練上，雖然男女大致相同，但陸軍的女性不須接受武器訓練及戰鬥技能的訓練；海軍女兵則不受武器與水手方面的訓練。皇家陸軍女兵與空軍女兵在可以遂行有限度營區自衛的情況下，接受武器訓練。海、空軍女兵的訓練屬於單獨的課程，與男性是分開的，但所有女性陸空專業訓練課目則與男性合併。

女性軍人在軍紀上的要求標準與男性相同，但女性不能

被禁閉；非護理兵科的男女性退休制度及規定均相同，但護
理部門之男女職業軍官退休年齡並不相同，女性官階可達准
將，目前已經有人達到此官階。

　　一九八〇年代初期以來，英國女性軍人的數量與比例一
直維持穩定的數字，一九八八年時有一萬六千三百二十三
人，約占總兵力的5.1%，一九九五年，英國女性軍人有一萬
六千五百人，占總兵力的6.9%，到了二〇〇二年則有一萬六
千四百三十人，占總兵力7%，大致維持一定比例。另外英
國女子可志願加入所屬地區部隊的皇家女子兵團，該等女性
人員於晚間及週末接受訓練，並有義務於國家緊急狀況發生
時接受召集入伍，以從事完整的軍事勤務。

　　女性軍官可參加皇家女子軍事學院之軍官訓練班，任官
後須服役二至四年，可依意願延長服役年限，女兵最遲至四
十五歲退休，女性軍官可於四十八歲退休。制度上允許女性
合理適當的升遷，地區司令部女性軍人在實施訓練及擔任現
役軍人勤務時，須受軍法的規範與約束。

十六、美國

　　一九七〇年代美國女性在軍中的角色有相當的擴展，女
性軍人在數量、教育與訓練機會及任職的範圍快速的增加，

而原本獨立設置的女兵部隊裁編後，大部分都與正規部隊合併。[28]

　　雖然美國在法律上規定禁止性別歧視，但並不適用於軍中，美國國防部仍自行規定男女性軍人在法律與政策範圍內應有的規範，例如，美國海軍限制女性到負有戰鬥任務的飛機或船艦上服務；陸戰隊則禁止指派女性人員到可能發生直接作戰行動的單位服務；空軍也規定女性不得到負有作戰任務的飛機上服役；但醫護人員、牧師及法官則例外；海岸防衛隊因未直接參與作戰行動，所以只要有女性生活設施的單位，就可派遣女性軍人服役；美國陸軍並沒有規定女性軍人不得從事戰鬥性的任務，但政策上卻不讓女性在被視為有極大可能發生戰事的單位或職務（包括旅後方地境線之前的單位）服務。

　　在女性可服役的職位與專長方面，原本美國的女性軍官可擔任所有專長的92%及所有職位的72%；女性士官則分別為86%及52%，目前均已提昇，均已超過90%。一九七三年徵兵制度廢止之後，美軍不論男女均為志願入營，除了身高、體重等生理的差異外，其他在體能及年齡上的要求則相同。陸戰隊對女性的要求標準比男性高，因為陸戰隊僅有極少數的職務可供女性參與服務。女性入伍人員至少須具備高中學歷，且入伍性向測驗的成績須較男性高，報考軍官學校的資格男女相同，服役期限雖然因作戰特性而異，但男女性皆相同。[29]

軍官基礎訓練除了某些體能訓練測驗男女的標準不同外，其他都一致。士兵的基礎訓練內容在體能訓練、徒手搏鬥及部分武器訓練課程方面，仍然還有一些差異，女性的課程重點在於軍事學而非戰技，基礎課程完成後，女性軍官和士兵與其他男性同僚一樣可以繼續接受更高級的訓練。

一九八八年初美國國防部曾就女兵職務的問題，公布了一項重要的改革措施。國防部長卡路其（Frank Carlucci）命令軍隊移出四千個職務給女性。為了落實這項改革措施，同時把素質好、教育水準高的女性吸收到軍隊服役，而於一九八九年十月執行新的不論性別的招募政策，取消原有女兵不得超過2%的規定。空軍女性軍人還獲准在國外執行高空駕駛偵察機的任務，如SR-71、TR-1和U-2等型的飛機；海軍陸戰隊的女性軍人獲准執行美國駐外使館警衛的任務，海軍女飛行員也可以駕駛EP-3型偵察機，準備到第一線支援艦上工作；陸軍則開放旅級指揮官職務給女性。[30]

男女性軍人在升遷資格上都相同，雖然軍方政策對女性並無限制，然一旦以作戰性的職務或經驗做為升遷評選的標

準時，女性就不如男性有利，美軍目前服役之女性軍官最高
階級為中將。就女性軍人的人數而言，一九八〇年代初期，
美國女性軍人的人數即呈穩定成長，從一九八二年占美軍總
兵力的9.0%到一九八六年的0.2%，一九九七年約有14%，
總人數大約有十九萬八千五百人，到了二〇〇二年，則有十
九萬九千八百五十人，占總兵力的15%。由於美軍實行了一
系列的改革措施，不但擴大了女性軍人的服役範圍，使美國
女兵足跡跨出美國本土，連美國海外駐軍也都有她們的身
影。

第三節　共產國家女性軍人發展概況

　　受到傳統社會主義觀點的影響，共產國家似乎比較注重
男女平權的問題，近代發展出來的各種女性主義派別，如社
會主義婦女解放論、激進女性主義（Radical Feminism）與馬
克思主義的女性主義都是根據馬克思主義或是其修正理論而
來。

　　這些理論與派別主要是以階級支配為變數，來解析差別
待遇與壓抑的結構。他們認為：女性被壓抑乃是由於階級支
配所引起，對現有階級支配型態及資本主義的鬥爭，就是解
放女性的鬥爭，因此無產階級的男性與女性應該共同奮鬥對

抗資本主義。因為階級支配一旦被掃除，女性也就自然獲得
解放。[31] 一九四○年以前西方女權主義者為了取得經濟權、
政治權、公民權而奮鬥時，俄國婦女積極的和男性準備一九
一七年的共產主義革命，因為希望這項革命能使她們獲得上
述的種種權利。這種革命傳統也連帶影響共產國家女性軍人
的地位與政策。

一、前蘇聯

　　從第二次世界大戰爆發之後，蘇聯打破了一九二三年制
定的軍隊不徵召女兵的禁令，開始動員婦女參軍。尤其蘇聯
在打城市保衛戰的階段，有八十萬婦女在蘇聯武裝部隊中服
役，她們除了從事醫療衛生和通訊工作之外，還擔負了一些
平常由男性從事的較危險工作，如狙擊手、機槍手、偵察
兵、戰車兵和飛行員等。一九四一年秋天莫斯科保衛戰拉開
序幕，參戰部隊中有三個飛行團全由女性軍人組成，由於她
們在史達林格勒保衛戰、進攻維也納、攻克柏林等重大戰役
中戰功卓著，有兩個女性軍人飛行團榮獲「近衛團」的稱
號。在一九四二年戰況最激烈時，蘇聯第一線部隊還出現了
專由女性組成的狙擊隊，一千餘名由射擊專業學校畢業的女
兵在戰爭期間共擊斃了一萬二千多名敵軍，另外，也有八十

六人獲得最高榮譽的蘇聯英雄勳章。[32]

第二次世界大戰後，蘇聯於一九六七年十月規定十九至四十歲的婦女必須進行衛生或專業的軍事訓練，並可依自願續服現役。婦女服役的年齡條件必須在十九至三十歲之間，而且是未婚、無子女、身體健康，至少受過八年以上教育。蘇聯女兵只能擔任士兵或士官的職務，服役年限區分為二年、四年或六年。服役期滿，還可根據本人志願延長服役年齡到五十歲。服現役的女兵擁有與男性軍人一樣的權益，退出現役時被列入二等預備役，直到四十歲為止。

蘇聯女軍官的職務只限於衛生勤務，階級並不高，據統計，75％的軍醫和80％的醫護人員是女性軍人，然而一些關鍵性職務仍由男性軍人擔任。[33]不過由於蘇聯人口成長較為緩慢，兵員產生問題，所以也漸次出現依賴女性軍人的現象。蘇聯解體之後，有關俄羅斯及其他加盟共和國女性軍人發展近況的研究文獻並不多，但從《軍事平衡》中可以發現原有女性軍人制度仍然存在，並由各獨立國自行發展，目前以俄羅斯最多，約有十萬人。[34]

二、中華人民共和國

中共從創黨開始就有許多女性參與軍中職務，因此在所謂的革命戰爭時期，也有許多的女紅軍參與。例如，一九三三年中共紅四方面軍成立了婦女獨立團，她們的服裝和男紅軍一樣，都是「身著灰色軍服，制服上綴著紅領章，頭戴八角帽，紮著腰帶，纏著緊繃繃的線綁腿，赤腳穿草鞋，肩背米袋水壺，一邊背小馬槍或大刀。」而其訓練則有「早晚出操、跳高、跳遠、爬竿、練單槓、學射擊、練刺殺（即刺槍術）、練投彈；演練班排進攻、退卻、攻堅等戰術以及進行敵火下土工作業。」[35]另外像海南島的紅色娘子軍是中共紅軍的女子特務連[36]，都是中共「革命時期」的女性軍人隊伍。

　　到了抗日時期，由於中共參與的戰爭不多，故在革命時期參軍的女性，大都在延安後方從事政治工作。

　　一九六七年冬天開始徵集女性義務兵，每年大約徵召七千五百人。軍事院校也開始對女兵開放，如軍醫學校、護理學校等，都直接選拔和招收女學員，以培養軍隊女性軍官和專業人才。據統計，目前中共女兵的數量僅次於美國，在十多萬女性軍人之中，有八萬多人從事工程技術、科學研發、通信、醫療、衛生、文藝、體育與後勤等工作。在海軍的科技幹部中，婦女占了一半以上，整個軍人的主要科技項目，包括常規武器到尖端武器，都有女性軍人參與。[37]

一九五一年首次招收五十五名女性空軍空勤與地勤人員，在北京西郊機場培養首批女飛行員，至一九八七年為止，共有五批二百零八位女性飛行員。另外，從事醫療衛生的女性軍人占總數的70.6%。就總數而言，女軍官的數目最多，軍階方面也最高；在一九五五年賦予軍階時，有一位女將軍；一九八八年重授軍階時，共有女將軍五人，校級女軍官一千多人[38]；一九九六年時則有十四位女將軍，號稱十四女英豪。[39]其軍階最高的是中將。

三、其他共黨國家的女性軍人

由於其他共黨國家女性軍人的資料並不多，只能根據少數有限的資料敘述。[40]

古巴：女性軍人的總數，如同其國內政情一樣，仍然是封閉而不為人知的。但根據有限的資料得知，女性在十七至三十五歲可志願入營服役二年。一九六〇年代以前女性大部分都在民兵部隊中服役，到了一九八〇年代之後，則有較多的女性在地方部隊服役，但人數並不多。

前東德：從一九五六年之後，女性軍人可以晉升至任一高階，但訓練並未如男性一般嚴格，也無法參與戰鬥性的職務。

　　羅馬尼亞：一九七二年的法律中規定女性可以進入軍隊擔任軍官和士官，所有女性在進入大學之後就必須接受軍事訓練。

　　越南：尚無詳細的資料，女性大都於民兵部隊中服務，但一九七五年之後，女性在軍中的角色有弱化的現象。

第四節　其他國家女性軍人概況

　　從表2-1看來，除了北約國家與共黨國家之外，還有不少國家招募女性軍人。大部分國家雖有女性軍人存在，但不是數量極少，就是在民兵部隊中服務，或是其在軍中的角色非常輕微，限於資料只能就少數具代表性的國家加以敘述。

一、澳大利亞與紐西蘭

　　澳、紐兩國雖處南太平洋一隅，卻處處受到歐洲的影響，連女性軍人制度也不例外。目前澳大利亞約有七千二百七十位女兵，占總兵力14％；紐西蘭有一千三百四十位，均占總兵力的15％。澳大利亞女兵只能擔任非戰鬥性的角色。[41]紐西蘭女性軍人的歷史可上溯至一九一一年時的南非戰爭，主要是以陸軍護理部隊（New Zealand Army Nursing Service）為主，當時最高階的女性軍人為上校。到了第二次

世界大戰期間，紐西蘭女性軍人激增，軍種也擴及至海軍、
空軍及陸軍其他兵種職務，並分派至海外各地服務。[42]

二、南非與以色列

　　南非在實施種族隔離政策時的國際處境與以色列是頗為
類似的，都是受到周邊國家的封鎖或制裁，而在艱苦國際環
境中求發展。在面臨戰爭可能發生的情況下，就須動員大量
女兵進入軍中，以使男性軍人充分投入作戰前線。以色列在
一九五九年的國防法中規定女子除了已婚、懷孕或宗教信仰
的限制外均需服兵役，成為世界上唯一對女子實施強制性兵
役的國家。由於長期人力資源的缺乏，迫使以色列政府必須
想辦法充分運用人力資源，因此所有被徵召入伍的女兵在經
過短期的基礎軍事訓練之後，均依據需要分配到各兵種及部
隊，與男性士兵一起從事各項軍事任務。

　　以色列設有一個專門的部隊Chen來負責所有女兵的基礎
訓練、分發作業及生活管理各項事務，其指揮官是一位準
將。營級以上部隊則至少有一位女軍官負責解決該部隊中女
兵在業務及生活上所遭遇的各項問題。[43]女性軍人所從事的
工作大都為衛生救護、通信及一些文書工作。一九八〇年女
性軍人從事的工作占總數八百五十種職務中的二百七十種。[44]

　　南非女性軍人的歷史可追溯至一九一四年成立的女子護
理部隊。第二次世界大戰期間，各軍種的女兵部隊紛紛成
立，主要擔任各項輔助性的工作，例如文書雇員、廚師、藥
師、藝工隊成員、餐廳工作人員、衛生救護人員、財務管
理、體能訓練教官、播音員等。[45]實施種族隔離政策期間，
南非白人政府大量招募女性軍人至軍中服務，爲補充男性人
力，以對抗周邊共黨游擊隊的襲擾，與維持國內秩序的穩
定。軍隊中也招募一些國家級的運動員至軍中服務，藉軍中
的力量培育運動員爲國爭光。[46]

　　非洲民族議會黨取得政權之後，整合了許多地方的部
隊，仍然保留了女性軍人的傳統，但無詳細的資料可知其整
合後女性軍人現況，僅知其女性軍人約有八千六百四十人，
約占總兵力的14%。

三、日本

　　日本在建立自衛隊之初，僅允許女性軍人在陸上自衛隊
擔任護理人員，人數並不多。但自一九七三年以後，海上及
空中自衛隊陸續有女兵加入，現今陸海空自衛隊都設有專門
培訓女兵的訓練班隊，軍官候選人學校中也有女性學員。直
屬於日本防衛廳的國防醫技大學，從一九八五年起招募女性

軍人。日本女性軍人擔任的角色主要在工程、軍械運輸、航
空通信、衛生、財務、文藝方面的工作，目前並無人擔任戰
鬥性的職務。[47]目前女性軍人總人數為一萬零二百人，占總
兵力的4%。

四、其他國家

　　除了上述國家外，尚有一些國家的女性軍人值得一提，
如南韓女性軍人約二萬一千人，占軍隊總人數的3%。[48]大
部分女性軍人隸屬於行政性和醫療部門，她們在高中畢業接
受過幾週的軍事訓練之後，就成為正式軍人。一九九一年韓
國曾擴大招募女性軍人，並分派至後備部隊服務，韓國陸軍
官校已招收女性軍官學生。

　　受美國影響很深的菲律賓約有六百名女性軍人，其深具
美國西點軍校色彩的陸軍官校，也於一九九三年正式招收女
性軍官學生，並於一九九七年首次培育出七名女軍官。[49]

　　印度大約有二百名女性軍人，大部分擔任教育、後勤、
法律、空中交通管制等工作，目前已擴大至工程及電子方面
的工作，女性軍官服役的時間也從七年延長到十年。[50]

結語

從上述對各國女性軍人的觀察中可以得到幾項發現：

1.國民所得超過一萬美金的國家，除了冰島、科威特、沙烏地阿拉伯等國，因政治、宗教等特殊原因沒有招募女性軍人外，其餘國家均有招募女性軍人，其中以美國、中國和俄羅斯分占總數的前三名；其他超過10%的國家尚有澳大利亞、汶萊、加拿大、紐西蘭、南非等國。

2.共黨或前共黨國家受到意識型態與歷史傳統的影響，除了民兵部隊有大量女性外，大都招募有正式的女性軍人，但擔任戰鬥性職務者並不多，角色比較偏向政治性與輔助性。少數國內紛亂或歷經革命戰爭的國家，也相當依賴女性軍人，如中南美洲的尼加拉瓜、瓜地馬拉、薩爾瓦多等國，但大都於民兵部隊中服役。

3.少數篤信回教的國家如利比亞、印尼、土耳其等國，雖因宗教因素對一般婦女有諸多限制，卻仍招募女性軍人，利比亞並設有一所女子軍校。[51]

4.大部分國家的女性軍人所擔任的皆爲輔助性角色，允
　許女性參與戰鬥性職務者皆爲西方國家，其中加拿大
　已將所有軍事職務開放給女性，英國與美國也開放至
　90% 以上。開放戰鬥性職務予女性是未來發展的趨
　勢。

註釋

1 Gaston Bouthoul原著，陳益群譯，《戰爭》（台北：遠流，1994年4月），頁101。

2 Jean Bethke Elshtain, *Women in War*(New York: Basic Books, 1987), p.138.

3 蘇紅軍，〈第三世界婦女與女性主義政治〉，《西方女性主義研究評介》（北京：三聯書店，1995年5月），頁21，22。

4 Susan Alice Watkins原著，朱侃如譯，《女性主義》（*Feminism*）（台北：立緒，1995年10月20日），頁102～110。

5 同上註，頁110。

6 Sandra Carson Stanley, Mady Wechsler Seagal, "Military Women in NATO: An Update," *Armed Forces and Society*, Vol. 14, No. 4, Summer (1988), p.560.

7 即比利時、加拿大、丹麥、法國、西德、希臘、荷蘭、挪威、葡萄牙、土耳其、英國及美國。

8 Sandra Carson Stanley, Mady Wechsler Seagal, "Military Women in NATO: An Update," op. cit., p.561.

9.參考 "Military Women in NATO: An Update," op. cit., p.561 及 Elisabetta Addis, "Women and the Economic Consequences of Being a

Soldier," *Women Soldiers: Images and Realities*(New York: St. Martin's Press, 1994), pp. 7-9.

10 有關義大利對女性軍人制度立法的爭論不休,可參閱沈明室譯,《女性軍人的形象與現實》(台北:政治作戰學校軍事社會科學研究中心,1998年1月)。

11 參考 Women in the NATO Forces, 1986。轉引自 Sandra Carson Stanley, Mady Wechsler Seagal, "Military Women in NATO: An Update", op. cit., p.564,其中仍規定女性不宜做粗重的勞動工作。

12 左立平,左立東,櫻姐著,《世界女兵女警》(北京:國防大學出版,1993年12月),頁39。

13 以下有關北約各國的資料係參考 Sandra Carson Stanley, Mady Wechsler Seagal, "Military Women in NATO: An Update," ; Elisabetta Addis, "Women and the Economic Consequences of Being a Soldier," *Women Soldiers: Images and Realities*, New York: St. Martin's Press, 1994, pp.7-9 及 *Military Balance, 1995-1996*.

14 Ibid.

15 Birgitte Siert, Cynthia Loft, Birgitte Anderson, Ingrid Sandholdt, Tine Forchhammer, Hanne Hein and Bitten Forchhammer, "Militarization of Women Current Trend-Denmark" , cited from Eva Isaksson, *Women and the Military System*(New York: St. Martins Press, 1988), p.323.

16 Sandra Carson Stanley, Mady Wechsler Seagal, "Military Women in NATO: An Update," ; Elisabetta Addis, "Women and the Economic Consequences of Being a Soldier," *Women Soldiers: Images and Realities*(New York: St. Martin's Press, 1994), pp.7-9.

17 這個數字仍有爭議，《世界女兵女警》一書認爲，一九八四年時法軍女兵有二萬五千人，但其他資料則認爲只有一萬餘人。

18 Sandra Carson Stanley, Mady Wechsler Seagal, "Military Women in NATO: An Update" op. cit., pp.7-9.

19 Ibid.

20 Ibid.

21 Ibid.

22 Virgilio Ilari原著，〈佩尼洛碧之網：義大利女性軍事服役問題面面觀1945-1992〉，引自沈明室譯，《女性軍人的形象與現實》（台北：政戰學校軍事社會科學研究中心，1998年1月），頁153-160。

23 Sandra Carson Stanley, Mady Wechsler Seagal, "Military Women in NATO: An Update," op. cit., pp. 7-9.

24 Ibid.

25 Ibid.

26 Ibid.

27 Ibid.

28 Assembly of Western European Union, 37 Ordinary Session, "The Role of Women in the Armed Forces" ,13th May, 1991, pp. 6-31.

29 Ibid., p. 31.

30 左立平，左立東，櫻姐著，《世界女兵女警》（北京：國防大學出版，1993年12月），頁33。

31 上野千賀子著，劉靜貞，洪金珠譯，《父權體制與資本主義》（台北：遠流，1997年2月），頁9。

32 同註30，頁34。

33 同註30，頁35。

34 *Military Balance* 1997-1998.

35 同註30，頁4。

36 同註30，頁8。

37 同註30，頁2。

38 同註30，頁3。

39 《聯合報》，民85.9.3，頁9。

40 Eva Isaksson, *Women and the Military System*(New York: St. Martins Press, 1988), pp. 323-325.

41 Ibid., p. 417.

42 D. Collett Wadge ed. *Women in Uniform*(London: Sampson Low,

Marston & Co., Ltd., 1946), pp. 285-305.

43 左立平，左立東，櫻姐著，《世界女兵女警》，前揭書，頁37。

44 Eva Isaksson, *Women and the Military System*, ibid., p.420.

45 D. Collett Wadge ed. *Women in Uniform*, ibid., p.311.

46 筆者南非白人朋友Elinda Rademeyer係曾為南非200公尺短跑紀錄
　　保持人，一九八八年時在南非軍隊擔任公關及體衛方面的工作。

47 左立平，左立東，櫻姐著，《世界女兵女警》，前揭書，頁38。

48 此數據引自《世界女兵女警》，《軍事平衡》中並未列出南韓女性
　　軍人數。

49 《聯合報》，民87.3.17，頁10。

50 "Indian Navy Opens on Jobs for Woman," *Jane's Defence Weekly*, 2
　　September 1998, p.17.

51 Maria Graeff-Wassink原著，〈利比亞的女性軍事化與女性主義〉，
　　引自沈明室譯，《女性軍人的形象與現實》，前揭書，頁140-
　　152。

第三章

戰爭與女性軍人

九○年代對美國戰備影響最大的是國防預算的減少，而不是性別問題。

——佚名

　　傳統的觀點認爲一般的戰爭皆由男性所主宰，然而人類
學家卻指出，在採集經濟的時代，植物常常是糧食的主要來
源，大致是男的漁獵，女的採集植物。因此，可以推斷這個
時期女性的地位高於男性。到了農耕時代，因爲農事需要很
多勞力及專門知識，女性爲了照顧家庭而與生產部門漸至疏
遠，男女在生產方面的分工逐漸改變，女性工作的內涵從此
大都限於家庭角色，而失去社會角色，使得女性社會地位低
於男性。[1]這種情形一直到了工業革命之後才有了改變，尤
其是現代資訊科技社會中，男女生理體質的差異在工作上不
再是顯著的因素，再加上人類的行爲不論男性或女性，都決
定於後天的學習及學習成果的累積，可以說他們的行爲或思
想模式是後天教養塑造的結果，因此兩性所擔負的角色和工
作自然可以重作分配。這種社會角色重心轉移的情形，也可
以運用到另一個社會現象——戰爭。戰爭一直在決定人類歷
史變遷的重大事件中扮演著里程碑的角色，幾乎所有著名的
人類古文明，皆因戰爭而殞沒；反之，幾乎所有的新文明，
則是拜戰爭所賜而得以顯耀光芒；某些優勢社會，其領導地
位的建立、延續或中止，亦得視戰爭的情況而定，所以戰爭
也成爲促進社會變遷的重大因素之一。

　　以往從事戰鬥的人員皆爲男性，他們將佩帶武器視爲一

種領導階級的特權，是一種英勇的象徵，甚至有學者指出，
女性自卑情結的主要成因，在於女性一向不必參與戰爭。[2]
而在盛行社會等級制度的社會中，以及在以階級制度爲基
礎，並逐漸朝社會等級制度發展的社會裡，戰爭帶來的美德
對以軍職作爲世襲的群體，是具有傳承意義的。這些世襲群
體無不小心翼翼的培養榮譽感、男子氣概，以及英勇無畏的
精神，除此之外，更在言行舉止上刻意表現出他們乃是這些
品德的所有者。在印度的神話中，戰士的社會等級緊緊排在
第一級的婆羅門之後，而且國王及王子的冊封，更常源自戰
士這一等級。軍人的采邑制度，亦是封建結構的證明，也就
是僅允許軍人家族間相互轉讓采邑，以便利其落實爲國王服
役及保衛百姓身家性命安全的重責大任。

　　在這樣結構的制約下，傳統的軍事體制一般都被視爲是
一種男性化組織的最佳例證。幾個世紀以來，軍事體制一直
被男性所壟斷，而且到目前爲止，一般人都認爲軍事組織的
行爲語言、行動和目標，仍把追求英雄氣概視爲其基本價
值。但在發生戰爭之後，不同戰爭的性質和規模，對整個國
家的政治、社會、經濟產生不同的影響。一場全民總動員的
戰爭，對人民的影響是全面的，尤其對那些一向被視爲弱者
的女性而言，影響更是重大，除了喪夫別子、家庭破碎和親

人離散之外，更可能是她們一輩子生涯的轉捩點。[3]對那些
參加戰爭的女性軍人來說，她們的親身經歷更是一輩子不可
抹滅的印象。

　　一項針對曾參與第二次世界大戰的美國「女兵總隊」
（Woman Army Corps, WAC）所做的研究顯示，戰爭對她們
人生觀的影響是「戰爭所帶來的沮喪，使得她們珍惜工作、
金錢及儲蓄，更加珍惜生命及生活之道。」[4]

　　女性加入被認爲是男性化體制的軍隊去參加作戰，會產
生何種影響是軍事社會學研究的課題，就軍事社會學研究主
題的分類而言，本文的研究內容應該是屬於戰爭社會學
（The Sociology of War）的範圍。所謂戰爭社會學，就是對戰
爭的社會學研究，亦即探討戰爭與社會的關係。例如，戰爭
所產生的社會基礎和其所產生的社會功能或者是戰爭與和平
的問題，都是其研究的範疇。最早開拓此一領域的是萊特
（Quincy Wright），他曾出版《戰爭的研究》（*A Study of War*）
一書，應用實證研究的方式探討戰爭的社會基礎，如軍事、
心理、法律和社會等因素對戰爭的影響及可能產生之社會功
能。[5]在女性研究的風氣日盛之後，有關女性與戰爭的研
究，也成爲其中不可缺少的一環。

　　女性軍人在戰爭時能發揮多大的效能，是許多學者專家

一直存疑的問題，有的人認爲女性天生在生理上就是弱者，根本不適合戰爭；有的人認爲這種看法是對女性的一種偏見。[6] 世界各國對是否准許派遣女性赴戰區作戰或賦予戰鬥性職務或任務的問題，也一直爭論不休。隨著國軍擴大招收女性軍士官，是否要賦予女性戰鬥性的任務，似乎成了一項必須愼重評估的重要問題。尤其戰爭的型態已經由以往單靠使用蠻力，進展到使用腦力的科技戰爭，這樣的改變對女性軍人在戰爭中的角色會有何影響？本文藉著從歷史的向度出發，希望從中國和美國的戰爭歷史中，探討女性軍人在不同型態的戰爭中擔任何種角色？其參與戰爭的動機及對這些女性產生何種影響？本文希望藉著對這些問題的探討，歸納出一些經驗或通則，以供我國在制定及執行女性軍人政策的參考。

關於本文研究的幾個名詞，筆者將其界定如下：首先是戰爭，對於戰爭的定義，許多人持不同的看法，萊特堅持由法律層次出發，指出：「戰爭乃促使兩個或兩個以上敵對團體進行武力衝突的合法條件。」克勞塞維茲則考慮到戰爭的目的，認爲「戰爭無非是一種暴力行爲，其目的乃是迫使敵人執行對方的願望。」其他如馬騰斯（Martens）則認爲戰爭主要是「人與人之間的爭鬥行爲」。另外也有人引用較複雜

的定義來說明戰爭，例如，馮·博巨羅斯基（Van
Bogulslawski）認爲：「由人、部落、民族或國家所組織而成
的特定團體，爲對抗另一相同或類似群體而引發的戰鬥行
爲。」格拉傑特則認爲：「戰爭是由二個或數個同種生物群
體，因個別要求或願望的不同，而引起的暴力抗爭狀態。」[7]
綜合言之，我們可以說：「凡發生於有組織的團體間的武力
流血戰鬥，即可謂之戰爭。」

　　至於不同型態的戰爭方面，本文原想採取時下最流行的
分類方式，即第一波戰爭（農業時代戰爭）、第二波戰爭
（工業時代戰爭）及第三波戰爭（科技資訊時代的戰爭）[8]做
爲分類的標準，來探討女性軍人在這些不同型態戰爭中所擔
任的角色及影響；不過這些分類的方式雖然明確簡單，卻不
容易找出實際的例證來說明或比較其中不同之處。例如，美
國南北戰爭就介於第一波戰爭和第二波戰爭之間，因爲當時
已經進入十九世紀的中晚期（一八六〇年代），但其作戰方
式又與同爲第二波的第二次世界大戰有很大的差異。另外在
波灣戰爭中美國所使用的高科技武器，大大的影響了全世界
對傳統戰爭的看法，但在整個戰爭期間，美國所採取的是兩
種不同的戰爭型態，一種是第二波的，一種是第三波的，[9]
所以也很難將波斯灣戰爭期間的女性軍人角色界定爲第三波

戰爭下的女性軍人角色。基於上述因素，本文以革命戰爭、民族戰爭及現代化科技戰爭來做為戰爭的分類，其中所指的革命戰爭乃指同一國家不同的團體，藉著武力攫取政治權力的戰爭型態，此處以我國辛亥革命及美國南北戰爭為例；民族戰爭指的是不同的國家民族之間所發生的全面性武力爭鬥，以我國的抗日戰爭及美國參與第二次世界大戰為例；現代化科技戰爭指的是以現代化科技為型式，於不同的國家和民族之間所發生的戰爭，本文以波斯灣戰爭為例證，來說明女性軍人在波斯灣戰爭的部署與戰備產生何種問題與影響。

　　為了因應不同的戰爭型態，此處所指的女性軍人，並非狹義的僅指擁有正式軍籍的女性。在革命戰爭時期，雖然有很多的女性參與作戰，但並不一定具有正式軍人的身分，享有軍人的福利。本文所指的女性軍人指的是那些戰爭期間在戰區從事與戰爭直接有關之戰鬥及戰鬥勤務事項，並納入編組或戰後享有軍人待遇的女性，本文有時亦以女兵來通稱女性軍人。

第一節　革命戰爭與女性軍人

一、歷史上的戰爭與女性軍人

　　中國古代的歷史中，女性一直都居於附屬的地位，雖然如此，女性從軍參與作戰的歷史甚為悠久，而且從晉代開始，幾乎每個朝代都有傑出女性從軍或從事作戰行動。國內學者楊續蓀在其著作《中國婦女活動記》中選輯了歷代女將與從軍婦女，描述中國歷史上婦女在戰爭中的英勇表現。例如，晉代的荀灌雖年僅十三歲，卻能突破敵圍，求發援兵，勇救危城；唐代平陽公主親自組娘子軍萬餘人，共同起兵，聲討隋室，立下大功；又如木蘭代父從軍，建立功業，傳為千古佳話；宋代名將韓世忠之妻梁紅玉於黃天蕩一役中，親自為夫擂鼓助陣，大破金兵，助夫立下中興第一功；秦良玉則精武藝練兵法，建立一支婦女隊，當時號稱繡鎧軍，於明末清初建立不少戰功；另外號稱女元帥的太平天國洪宣嬌，建立女兵，最多曾達十萬之眾……等。[10]

　　在楊續蓀所舉的二十個的例子中，其中協助夫婿守城作戰的有十位，占總數的二分之一；幫助父親的有四位；自主從軍殺敵者有五位；幫助兄長作戰者則有一位。從這些數字來看，雖然他們都是女性從軍或參與作戰的具體典型，但受到封建制度的影響，自主從軍的比例不高，大部分都是因為其父兄夫婿身為官吏或將領，才有機會或意願護疆守域，鏖戰沙場，成就其在戰爭中的事功，可以說是在封建制度壓制下的特例。而且上述的例子皆從史書而來，尤其木蘭代父從軍是出自古樂府《木蘭詞》，其真實性仍有待證實。

二、辛亥革命與女性軍人

在同盟會時期，有不少女子加入革命的行列，雖然在這之前就已有女子加入革命行列，但數目不多，成效也極為有限。等到同盟會成立之後，女性的數目增多，影響也較大。這個時期參與革命的女志士，絕大部分來自廣東、福建、浙江、江蘇等沿海各省，其中以廣東最多。因為這些沿海地區交通方便，西方的思想容易流傳散播，以往中國傳統的社會約束力量，較易受到衝擊，所以革命志士大多來自於沿海地區是很自然的。

參加革命的女志士受到家庭的影響也很大，有很多人因為家庭、師生、朋友、鄰居、同學的關係而參加革命。也有少部分是因為家庭或婚姻的不幸才加入革命的行列之中，可見女性參與革命事業，受到周遭家庭成員或本身遭遇的影響

頗大。此外也有人因爲留學或久居國外，接受西方思想，進
而獻身革命，其中以留日學生居多。辛亥革命以後，各種革
命團體紛紛成立，女性革命志士的背景和動機更趨複雜。這
個時期女性加入革命有三項特殊的意義：第一，在此之前，
婦女加入革命多爲個別的；雖然有些愛國團體，但並未明白
宣示以革命爲宗旨，到了辛亥年以後，女子革命團體紛紛成
立，例如，女子軍隊、女子醫護隊及勸募團體等。女性革命
志士不再以貢獻一己心力爲滿足，而是希望喚起其他婦女，
一同爲革命效力。第二，女子參加革命初期以從事宣傳及革
命教育者爲多；辛亥革命以後，則幾乎所有的革命活動，都
有女子參加。第三，初期加入革命的女性，多爲知識分子，
辛亥革命以後，家庭婦女、女工及學生都加入革命的行列。[11]

　　女性革命志士主要的活動內容可分爲九個方面：即宣
傳、募捐、勤務（醫療護理）、聯絡、運輸、起義、暗殺和
偵探等九項。[12]她們的活動早期是在宣傳方面，宣傳以演
講、發行刊物爲主，從事者多爲女留學生。另外學校也是女
性宣揚革命的好場所，這些女性或是主持校務，或是擔任教
師，鼓吹革命，造就革命人才。女性對捐輸助餉亦不落人
後，在辛亥以前，大多爲個人捐輸，辛亥以後捐獻團體日益
增多，對革命經費上的貢獻，則是不容忽視的。勤務方面，

如醫護、製造炸彈等需要特別的技術和訓練,其他如料理家
務、縫製旗幟等工作,這些女性革命志士也默默的貢獻了他
們的力量。此外,女性又能利用身分上的便利,擔任掩護、
聯絡與運輸的工作,她們在這方面的工作往往非男同志所能
取代。雖然革命起義的工作,大都由男性所擔任,但是丁未
紹興之役、庚戌新軍之役、辛亥三二九之役,以及浙江、蘇
州的光復,都有女性身先士卒,慷慨赴敵。特別是在辛亥年
秋天之後,女子軍隊紛紛成立,雖然其中除了廣東女子北伐
炸彈隊外,這些女子軍隊並無成就可言,但也體現婦女對國
家責任的自覺。另外,就暗殺方面,清末許多的暗殺團體都
有女性參加,甚至有以訓練女子暗殺為主要課程的學校。但
是實際上她們所從事的,絕大部分仍是協助暗殺的執行。就
偵察的行動方面,因為女性革命志士來自社會許多不同的階
層,從事偵探工作也是各顯神通。例如,「中華女子偵探團」
便是由一個青樓女子所組成的團體。

　　雖然這個時期從事革命的女性並不多,活動的地區也極
有限,但是其潛在的影響力是既深且廣的,而且從一九一一
年回顧以往數千年來禮教及社會習俗對婦女的壓制,這個時
期可說是女性運動發展史上最燦爛的一頁;雖然女子的力量
比較薄弱,無法在當時軍事上與政治上有更大的貢獻,但她

們的勇於嘗試卻獲得一般觀念開放男性的領導和支持，更加強了其民族自覺心和愛國心。[13] 所以可以說這些女性加入革命行動具有鼓舞和良性競爭的作用。

三、美國南北戰爭與女性軍人

從美國大革命開始，就已經有女性在軍隊中服務。這段期間，女性所擔任的角色，不外乎有聯合抵制英國貨品、照料士兵、軍中救護工作、組織行政工作、撰寫宣傳資料及協助農業商業生產等活動。有的女性跟隨軍隊，為軍中的士兵炊爨、清洗衣物、堆貯武器等，有些女性也因為在軍中的卓越貢獻而留名青史。例如，麥考莉（McCauley）在一七七八年於法庭大廈口之役（the Battle of Court House Mouth）中，就以精準的射擊技術獲得莫莉投手（Molly Pitcher）的美譽[14]；又如南西·哈特（Nancy M. Hart）以曾獨戰五名英國士兵而名噪一時[15]；還有一位黛博拉·辛普森（Deborah Sampson）曾化裝成男性，改名為勞勃·蕭特李也夫（Robert Shurtlieff）加入軍隊，參加了數次戰鬥，後來因為受傷才被人發現她是女性。本來要被逐離軍隊，後來因她請願，保留了她的階級，戰後並授與土地及退伍金。[16]

到了一八六〇年代，美國爆發了南北戰爭，在這長達四

年的戰爭中，至少有三千二百位女性分別加入南方和北方的
軍隊，擔任有給職的軍中護理工作。[17]其他在軍中的女性軍
人所擔任的職務大抵仍和一百年前的獨立戰爭一樣，多半是
一些行政性和輔助性的工作。其中比較特殊的是當時大約有
四百名女性喬裝成男性，加入軍隊參與作戰[18]，也有的女性
擔任間諜的工作。[19]這些女性投入戰爭的動機，大致是愛國
情操驅使、喜愛冒險及想要與先生及情人在一起等因素，才
會加入軍中從事服務性的工作，而且大部分的人都沒有納入
正式的軍籍（received the commission）。

　　在她們採取的具體行動方面，本文僅介紹偽裝男性加入
作戰、擔任護理及醫療及擔任間諜的實例；其他擔任一般性
行政性和輔助性的工作此處不再贅述。

（一）偽裝男性加入作戰的實例

　　正如前文所述，當時大約有四百位女性以喬裝的方式，
進入南方和北方的軍隊，目前已經正式確認者大約有一百三
十二位。[20]其中法蘭西斯・露薏莎・克蕾頓（Frances Louisa
Clayton）為了能與丈夫相聚，加入明尼蘇達團（Minnesota
Regiment）成為士兵，後來在與敵遭遇時，她先生壯烈犧
牲，她則因臀部受了傷送到醫院治療才被人發覺她是女性，
而於一八六三年一月被撤銷軍籍。在返鄉的路上，她搭乘的

火車遭到游擊隊的偷襲，身上的財物和證明文件被搶奪一空，她乃繼續扮演男性軍人，並在飲食、談話、吸煙等行為上儘量像一位男性軍人，以掩蓋她的性別。她也站衛兵執勤並和她的戰友並肩作戰，她看起來很男性化，又曬得很黑，而被視為是一位男性軍人及一位好戰士。[21]

（二）擔任護理及醫療的實例

　　南北戰爭期間，有一位醫學院畢業的女醫師叫瑪莉‧渥克（Dr. Mary Walker），她離婚後，曾前往華盛頓想要成為南方軍隊的軍醫或約聘的醫生，但南方的軍隊對她並不感興趣，於是她加入北方的軍隊，並說服北軍的將領將傷兵運送至北部較好的醫院接受治療。在運送的路途中，有許多的婦女提供食物和飲水給傷兵，但卻拒絕給瑪莉這位穿著軍服的怪異女性。由於北方政府的林肯總統也無法使她納入正式軍籍，於是她重回戰場，擔任俄亥俄團（Ohio Regiment）的軍醫助理。後來被俘監禁了四個月後，終因交換戰俘被釋回，擔任軍中的文職醫師，並負責管理一座監獄，終其一生，都沒有取得正式軍籍。戰爭結束後，因為她在戰時的卓越貢獻，而獲頒國會榮譽勳章（Congressional Medal of Honor）。後來她到處演說，宣揚其在軍中的經驗，並鼓吹女權。[22]

（三）擔任間諜的實例

美國南北戰爭期間，女性擔任間諜比較有名的例子有二個，一個是羅絲‧歐尼爾‧格林郝（Rose O'Neal Greenhow）另一個為莎拉‧湯普遜（Sarah E. Thompson）。格林郝年輕時被稱為「野玫瑰」（Wild Rose），是華盛頓社群（Washington Society）的領導者及一位激進的分離主義者，也曾是南北戰爭中最為人所熟知的間諜。有一次她曾傳遞十個字的秘密訊息給南軍將領，使其贏得牛奔之役（Battle of Bull Run），也因為她成功的擔任間諜，使得南方總統戴維斯贏得慕納撒斯之役（The Battle of Manassas）的勝利。雖然她後來被捕，但仍不斷想盡辦法傳遞各種情報。她在第二次被捕後返回南方時，受到熱烈的歡迎，並隨後赴歐洲為南方政府宣傳，但不幸於返航途中遭遇北軍砲艇追緝而落海身亡。為褒揚其對南軍的貢獻，南軍以隆重軍禮為她舉行喪禮。[23]

另一位著名的女間諜是莎拉‧湯普遜。她原本和先生一起從事招募軍隊的工作，並在田納西州附近成立同情南方政府組織。一八六四年她先生遭遇北軍伏擊後陣亡，受到此一事件的刺激，她更積極繼續為南方政府工作，並蒐集情報與傳遞消息給南軍的軍官。有一次北方政府的軍隊在一小村莊宿營，莎拉很巧妙的逃過封鎖，向南軍密報，使南軍向該地區攻擊，並指引北軍將領藏匿之處，使南軍獲得大勝。後來，她到軍中擔任護理工作，直到戰爭結束。戰後，她為生活所困，乃爭取她在軍隊服務的補償金，後來於一八九七年由國會通過特別法案，給予她每月十二美元做為補償她為軍隊擔任護士所付出的辛勞。[24]

　　這個時期加入軍隊參與戰爭的女性，有幾個特色；一是大部分的女性軍人是受到家庭及親人的影響才進入軍隊。不管是在中國歷代戰爭、辛亥革命戰爭及美國南北戰爭，參與的女性軍人有的是官員或將領之女，有的隨先生入營，有的是因親友在戰爭死亡所產生的報復心理，只有少數是愛國心理的驅使而自主從軍。這在中國歷代戰爭中能夠參與作戰的女性中尤其明顯，因為在封建體制下的女性是不太有可能自主從軍，甚至能晉昇高位的。辛亥革命期間受到家人影響而參加革命活動較有名的有黃興的夫人徐宗漢女士、廖仲愷的夫人何香凝、張繼的夫人崔震華等。[25]美國南北戰爭中的婦女亦同，她們有的是因在戰爭中失去先生（如莎拉），有的則因想和丈夫相聚（如克蕾頓），都是同樣受到家庭和親人影響才加入軍隊。

　　其次，這個時期參與作戰的女性軍人，大多為具愛國情操、獨立性較強的女性知識分子。由於清朝末年社會經濟的變動，促成了新紳士和新知識分子的出現，以及所謂資產階級如買辦、工、商業資本家及商人的抬頭。他們站在革新的領導地位，吸收了西方思想，改變了傳統習俗。他們有經濟力量送女兒上學，漸進的改變社會，提高了女性的地位。所以這些具備知識的女性容易受到革命思潮的啓迪，因此多數參加革命的女性，多半爲中上階級的知識分子。就是因爲這些受過教育的女性求好心切，而且個性堅強，常不惜犧牲以達到改造社會，建立強大國家爲社會服務的目標，因此乃追隨秋瑾等人參與革命，從事救國救民的重責大任。在美國南北戰爭時期也有同樣的情形（如瑪莉·渥克），可能是因知識程度較低的婦女活動的範圍局限於封閉的農村或城鎮，在資訊不流通，交通又不方便的情況下，無法感受到世局的變動。也有可能是因爲她們出身低微很難查證，所以史書上很難找到她們的名字。而農村婦女及知識程度較低的婦女則因依賴心較重，如果家人或先生反對，這些農村婦女不太可能參加戰鬥行列的，除非遭遇到重大變故或是受上述幾種原因的驅使。

在這個階段中，女性在軍中所扮演的是一種輔助性的角色。在歷代戰爭中，雖然有少數如秦良玉、洪宣嬌等是眞正領兵作戰的女將，但其他的女性所扮演的多爲輔助父兄夫婿的角色。在辛亥革命期間，多數女性革命志士所擔任的角色和活動的範圍，大致爲宣傳、革命教育、捐募、勤務支援、聯絡、運輸、起義、暗殺、偵探等九項，這其中大部分皆爲輔助性的工作，雖然日後有類似廣東女子北伐炸彈隊的女子軍隊成立，但並無大的成就。就以暗殺而言，雖然有女性參加，但所從事的大部分是協助暗殺的進行。美國南北戰爭期間，女性在軍隊所從事的工作，如照料士兵、軍中護理、協助炊爨、清洗衣物、堆貯武器、撰寫宣傳資料及從事間諜工作等，與我國辛亥革命期間女性所從事革命的範圍相類似。美國也有少數人裝扮成男性加入軍隊才能參加作戰，否則也只能從事輔助性工作而已。從謝冰瑩女士所寫的《女兵自傳》中也可看出，當時女性軍人在北伐中所擔任的工作，也是主要在宣傳和救護等輔助性的工作。[26]

第二節　民族戰爭與女性軍人

民族戰爭是一種民族對民族、國家對國家的總體戰爭（Total War），其動員規模遠比革命戰爭要大，雙方除了運用正規軍隊之外，更需動員大量的民防組織及游擊隊從事作戰，使女性軍人的參與度也大幅增加。例如，美國在第二次世界大戰期間，參與戰爭的女性軍人就高達三十五萬人，第一次世界大戰時也有三萬四千名婦女參加。[27]

一、抗日戰爭與女性軍人

　　抗日戰爭可以說是一場全面性的戰爭，當時國人不分男女老少紛紛投入抗戰的行列，尤其女性同胞更是不落人後，加入抗日陣營。據學者研究，僅僅抗戰期間就有五百七十個婦女團體成立，如果再加上確知的支隊則共有八百一十九個婦女團體成立（如表3-1）。

　　雖然目前並沒有充足的文獻，可以深入及實證探討抗戰時期女性軍人參加抗戰的動機，但依據現有的資料顯示，[28]她們的動機並不偏狹的局限在家人的影響，而是由於日本侵略暴行的刺激，使她們認清了整個國家民族奮鬥的目標，因而大大的提高了女性的認知。這個時期的婦女運動也因此有不同的方向和步調，以前是一種保守的、舊的婦女運動方式，如偏重個人權利，男女對抗的狹隘思想，到了這一時期則有相當大的變化，這群婦女的知識水準比以前提高，她們的視野比以前廣闊，於是如何運用婦女組織來普遍提高一般婦女的知識及技能，俾能運用婦女自身的力量和權利，解除自身的痛苦，進而從事社會工作及生產事業，將之直接貢獻於抗戰或喚起婦女參加抗戰建國大業，增加抗戰力量，成為

表3-1　抗戰時期婦女愛國組織功能性質統計表

功能性質	數目	附註
一般	309	凡進行徵募宣傳、救護、慰勞、救濟服務、生產、出版、兒童保育等事業者皆屬之。
國民兵團	62	
兒童保育	57	包括育幼、慈幼院及托兒所等。
生產合作事業	39	
戰地服務	21	
徵募	18	
救護慰勞	15	
游擊區組織	13	
服務救濟	11	
文化出版	8	凡一般組織中有出版刊物者未列入。
政治	4	
戰鬥	4	
教育	3	
宣傳	3	
敵後工作	1	
訓練	1	
不詳	1	
合計	570	

資料來源：梁惠錦，〈抗戰時期的婦女組織〉，《中國婦女史論集續集》。台北：稻鄉出版社，1991年4月，頁380。

這個時期婦女菁英的主要工作。

　　又因當時整個中國大陸均為對日作戰之戰區，這些婦女就以各種組織和社團的名義進入軍隊，從事地方和軍隊的服務。她們目的則是希望透過全國婦女總動員，能夠「迅速提高婦女文化水準,普遍培養婦女的謀生技能,積極的改善勞動婦女生活狀況,努力擴大婦女職業範圍,並掃除一切束縛婦女的風俗習慣」。[29]可見在動員規模龐大的民族戰爭中,個人動機已經隱沒在挽救民族生存,國家危亡的愛國意識之中,並配合提升婦女權益,掃除一切束縛,使得女性參加戰爭成為一種救國救己的偉大運動。

正如謝冰瑩女士所說的:「其實婦女參加抗戰的意義,比男人還重大,不但站在民族生存的立場上應該參加,就是站在婦女解放的立場上,也應該參加才是。」[30]

謝冰瑩女士在談到女性參加抗戰會產生何種效能時,她也說到:第一,可以鼓勵士氣,因為士兵看到女人在火線上,冒著砲火前進,自然增加膽量,達到很大的精神鼓勵;第二,由女性看護傷兵比較溫柔體貼,比較有耐性,傷兵在精神上比較能得到安慰;第三,女性做戰地的民眾工作,效果要比男性大。因為民眾看到穿軍服的士兵,心裡就會害怕,不敢和他們接近。女性因為態度比較和藹、誠懇,民眾比較不害怕,工作容易著手。[31]除此之外,在當時各地的婦女領袖的領導之下,不論是勸募公債、徵集軍中慰勞品、縫製衣服、救濟難民、保育難童及醫療服務等都收到很好的效果。

　　當時女性所從事的工作，主要有擔任武裝女戰士、戰地難童的保母、照料傷兵、收容軍人家屬、從事文化教育及生產事業、勸募及協助交通的建設等。[32] 以下僅就與本文主題相關的武裝女戰士部分做一概略敘述。其實在抗戰初期，並沒有正式的招募女性軍人上前線服務，但有一些如浙江婦女營、婦女大隊、華北婦女自衛隊及廣西婦女學生軍等女性武裝的組織。另外散布在各戰場的戰地服務團，軍事委員會的婦女幹訓團的成員，雖然不是衝鋒陷陣的猛將勇士，但都實際在戰地幫著戰士、民眾工作，也因為在前線工作，所以她們都是穿著軍服，甚至還可以配帶武器。[33]

　　一九四四年十一月，國民政府中央頒布「全國知識女青年志願服務隊徵集辦法」，掀起了婦女從軍的熱潮。一九四五年四月一日，全國知識青年志願從軍編練總監部在重慶市郊大坪成立「女青年服務總隊」，作為女青年軍的指揮和組訓機構。當時由西北、西南志願從軍的女青年，共有七百五十四名，編成一個總隊，後來編入青年軍二〇一師到二〇六師。東南地區志願入伍的女青年則由總監部東南分部接收，共四百九十二人，分為兩大隊：一隊編入青年軍二〇八師，駐江西黎川，共一百七十八人；另一隊有三百一十四人，編入青年軍二〇九師，駐福建上杭。[34]

　　就其從事的工作性質而論，根據女青年志願服務徵集辦法，女兵共編成六隊。第一、二隊爲通訊隊，第三爲文化隊，第四爲經濟隊，第五、六隊爲救護隊。日後又將各隊學識或體格較差的學生與成都救護班調撥的女青年共四十五名，補召十六名，編成第七隊，也屬經濟隊。依照編制，女青年服務總隊每隊直轄四個區隊，即文化區隊、救護區隊、通訊區隊和經濟區隊。每個區隊含隊員二十四名，設區隊長、區隊附各一名。下分三個班，每班設班長一名，隊員七名，以及勤務士兵若干人。但實際分發時，因文化隊人數過少，只夠編成三個區隊，只得先將三個文化隊輪流調派單位服務。[35]

　　另外其他戰區的長官爲了安頓戰地流亡的學生，並解決戰地政務的問題，也就地招收男女青年，予以編訓而成爲戰幹團婦女隊。如徐州幹訓二團江蘇實習女生隊、廣東省軍管區政治部屬戰地服務工作隊女生隊、豫軍教育團女生隊、河南省軍事政治幹部訓練班婦女隊及孫元良等將領在徐州、靈壁一帶招集男女青年黨員，施以訓練，派赴敵後工作之女生隊。[36]可惜此時已接近抗戰的尾聲，沒有辦法充分發揮其功效。

　　從上述各種女性軍人的組織來看，如女青年軍，其所從

事的工作大致爲救護、政工、通訊、經理及文書等項，其他
各軍區所招收的女青年，其所從事的工作的項目除了和女青
年軍類似之外，上述所提女性在戰場所從事過的工作，她們
都曾參與，比較特殊的是也有少數女性從事敵後的工作，這
也是屬於間諜工作的一環。

二、世界大戰與美國女性軍人

　　在第一次世界大戰以前，美國的女性軍人並不多，被徵
召者，僅限於男性。女性進入軍隊，不是從事輔助性的工
作，就是得假裝成男性參加作戰。美西戰爭時，國會曾授權
陸軍以特約的方式，徵召女性進入軍中擔任護士。第一次世
界大戰時，美國國會授權成立護理衛生部隊（Nurse
Corps），女性才得以正式進入軍中。由於從事的是輔助性的
工作，所以既沒有軍階，也沒有退伍後應享有的福利。此時
由於技術人才的需求，造成軍隊必須逐漸擴大女性在軍中的
角色。到了第二次世界大戰時，這個需要又再度浮現，使得
女性在軍中的角色和數量要比以往增加許多。

　　原有的「女性預備總隊」（Women's Army Auxiliary
Corps, WAAC）在國會的授權下於一九四二年成立，一年之
後改編爲陸軍「女兵總隊」（Women's Army Corps），而且其

成員擁有正式軍人的地位。類似的單位也在其他的軍種成
立,例如,海軍的「女性志願緊急服務隊」(Women
Accepted Voluntary Emergency Service, WAVES),海岸防衛隊
的「女性常備大隊」(Semper Paratus-Always Ready,
SPARS);陸戰隊也有類似的單位但沒有正式的名稱;空軍
在其成立的「女性空中飛行駕駛隊」(Women's Air Forces
Service Pilots, WASPS)中有一千八百三十位女性駕駛員,該
大隊由著名的女駕駛賈桂琳・柯希蘭(Jacquline Cochran)所
領導。雖然她們有資格駕駛各式的飛機,但她們並未具有完
整的軍事待遇與地位。[37]

　　至於服役的人數,陸軍女兵總隊(WAC)有十四萬人,
海軍的女性志願緊急服務隊(WAVES)有十萬人,陸戰隊則
有二萬三千人,海岸防衛隊的常備大隊(SPARS)則有一萬
三千人,陸軍護理人員有六萬人,海軍護理人員則有一萬四
千人。[38]她們的年齡方面,護理人員進入軍中時,大約為二
十五歲,陸軍女兵總隊及海軍志願緊急服務隊的年齡則大約
小一歲到一歲半之間。從一九四三年開始,陸軍女兵總隊的
成員開始在外國如英國、印度、義大利和埃及等戰區服務。
一九四四年陸軍女兵總隊則派員至太平洋戰區服務,一九四
四年陸軍女兵總隊亦隨後從諾曼第登陸歐洲戰場;亦有人被

派至中印緬戰區，使得其他地方如荷蘭、北非、中國重慶及菲律賓馬尼拉都有她們的芳蹤。[39]

就動機而言，美國女性軍人參加世界大戰的動機，有兩種不同的觀點；一種是官方的說法，一種是學者戰後研究的較客觀說法。官方的說法大都偏向感情因素的宣傳，例如，有些原因是「我丈夫在珍珠港為國捐軀……」、「……被俘」、「我家的子弟全部從軍報國……」、「我希望戰爭趕快結束」等原因，因為美國國防部認為這樣的個人心理動機容易激發社會菁英分子加入軍中。但對大多數的婦女而言，她們從軍的動機，非常普通，一點也不特殊或偉大。如有人認為其進入軍中的原因是因為「平民的生活不能使我滿足，我只是覺得進入軍中，會讓我學到更多。」[40]

另外根據美國陸戰隊的統計，當時大約有四分之一的女性是因為負面的因素，才加入軍中的；例如，是因為要逃離無聊的工作環境及家庭的困境。又如有兩位陸軍女兵總隊的成員於一九四三年說明她們從軍的動機時，一個是不願意和姑姑住在一起，另一位則因從事同一工作已經五年，想要獲得任何可以到戶外工作的機會。陸戰隊的統計顯示，有35%的人表示她們從軍是因為有心愛的人也在軍中服役；有6%的人是因為其家庭已經沒有男性可供派遣服役；有4%的人

是因為她們的親人被殺，而希望能夠復仇；另外有15%是為
了尋求冒險及對自己有利的事務才從軍的。[41]

另外一九四三年在迪斯摩因堡（Fort Des Moines）對一
萬八千名陸軍女兵總隊所做的問卷調查顯示，大約有35%的
女性其從軍的目的是為了尋求「男性化的滿足」（Masculine
Gratification）（如可以穿著男性化的軍服）；有六分之一
（約16%）的人是尋求一種對自己行為的辯護、補償或需要做
犧牲；有13%的人是為了逃避家庭的貧乏或麻煩；有8%的
人是為了要尋求安全感；有6%的人是因為受到刺激；有5%
的人是女性主義者的動機，當然也有16%的人是因為愛國心
的驅使才加入軍中。[42]有趣的是，在四十年後，對當年從軍
的女性再做同樣的調查發現，有84%的人是因為愛國心的驅
使而從軍。其中有40%的人則附加理由說明就是她們也希望
過一點不一樣的生活，其中有25%～31%的人是因為期望冒
險和旅遊的生活或是因為有親人在軍中服役；有12%的人將
逃避列為從軍的原因；只有不到10%的人是因為追求人生事
業的目標才從軍。

對護理人員而言，她們入營的動機可能要增加一項，那
就是她們知道她們的專長在戰爭時期非常重要，幾乎所有人
都是因為愛國的動機而從軍，這其中也有一半的人想要在戰

場上學以致用；另有三分之一的人是要追求冒險或因為她們朋友的加入，所以也跟著加入。一般而言，護理人員都知道她們將從事何種工作，並且期望從事這種工作，所以當時約占二分之一的女性護理人員加入軍隊的行列，是所有不管男女性職業團體中比例最高者。[43]

　　就整體而言，第二次世界大戰期間的美國女性軍人從軍的原因，以官方的宣傳說法，比較偏重愛國情操的激發，因為希望藉此能招徠更多的菁英分子進入軍中服役。但事實上，如果深層的探討，會發現真正出於愛國情操者，其比率並沒有官方宣傳的那麼高，反而是許多個人性因素使然。如尋求自我的實現和滿足、逃避現實、追求冒險與刺激等，只不過在戰爭時期，這些個人性的因素，沒有刻意的突顯罷了。而四十年後的調查，之所以在愛國情操的驅使方面，占比例相當高的原因，可能是一種經歷過戰爭的成就感和榮譽心，或出於對自己當初行為的肯定或尋求他人的肯定使然。

　　一般而言，第二次大戰期間美國女性軍人所擔任的角色仍是一般輔助性的角色及文書行政的工作。其實從女兵的訓練內容就可以看出，軍隊本身就不希望這些女兵真正去從事作戰行動。例如，當時陸軍女性預備總隊（WAAC）成員的受訓內容，在士兵所接受的四週訓練課程中，她們必須學會

地圖閱讀、軍隊營規及禮儀、訓練與典禮及急救課程；軍官
則須接受六週的訓練，除了上述的課程之外，還增加了領導
統御、軍法審判程序及膳食管理的課程。[44]上述的課程並未
與參加直接戰鬥有關（如防衛武器訓練）的課程。到了陸軍
女兵總隊（WAC）的時期，雖然女兵的人數增加了，待遇也
和男性差不多，但仍沒有女性軍人直接參與戰鬥。

　　從一些敘述這段期間女性軍人的文章中，可以歸納一些
她們所從事的工作：有的擔任災難管制官（casualty offi-
cer）；[45]有的擔任營養師而且自認獲益良多；[46]有的是在郵
政單位服務（postal detachment or postal directory）；[47]有的
則擔任人事軍官；也有人擔任救護及醫療的工作。[48]比較值
得一提的就是空軍有一些女性駕駛的角色，雖然她們沒有直
接駕駛飛機從事戰鬥，但她們在後方仍然完成了許多危險的
工作，如飛機的試飛工作及擔任提供他機作實彈射擊的拖靶
機的駕駛工作。[49]這段期間，雖然美國的政策與法律均限制
女性參加戰鬥行列，但女性護理人員在第二次世界大戰期
間，經常在戰爭狀況下工作，也有人成為戰俘。總計在第二
次世界大戰期間，共有一百八十一位女兵陣亡，有十六位獲
得紫心勳章（Purple Hearts），有六十六位在亞洲戰區成為日
軍的俘虜。[50]

　　民族戰爭的最大特色，就是交戰雙方會動員全國的總體力量來遂行作戰，因此女性被動員的機率很高，數量也很大。就如同前文所述，美國在第二次世界大戰期間，女性軍人就總共達到三十四萬人，而且第二次世界大戰的戰場並不在美國本土，而是在境外。假若戰爭發生在國境內，動員的人數將會更多。就如同中國一樣，雖然目前並沒有精確的數字來說明在抗戰期間總共動員了多少正式或非正式的女性軍人，但事實上，有許多女性是以各種團體及組織的名義到前線協助國軍作戰，這類的組織的數量則非常龐大。

　　就動機而言，官方的資料比較注重愛國情操對女性從軍的影響。但實際上如果從心理等深一層的向度去探討女性從軍的原因，則會發現愛國情操的因素有點被擴大化。實際上，大多數的人都是因為個人的因素而從軍，如想離開乏味無趣的工作環境和家庭的困境，或因心愛的人在軍中服役，促使她也跟著加入軍中。就中國方面來說，女性從軍或參加協助軍隊的組織，大多為愛國心使然，可能是因為日本人入侵，激發了女性的愛國心理，或者是因為個人的因素在愛國宣傳口號響澈雲霄時，也相對的受到壓抑，無法獲得重視。事實上國內目前也未看到任何有關這方面的研究報告或調查報告可供參考。

　　以擔任的角色來說，中美兩國的女性軍人在民族戰爭中
所擔任的角色，大都為預備性或是輔助性的工作。雖然如
此，由於戰爭的規模過於龐大，仍有不少女性軍人陣亡或被
俘，其中以擔任醫療救護的護士比例最高。然而，就少數族
群的女性在軍中的角色來說，黑人的女性軍人在軍中仍是被
隔離的，她們在軍中所從事的是較卑微的工作，如廚師、雜
役等。[51] 但許多黑人在戰後回國時，得到了許多人的尊重，
並帶來很大的改變，因為許多白人婦女原來在家鄉無法體會
對黑人女性的歧視，但在軍中，她們看到了這樣的種族歧
視，她們都見識到了納粹主義和自己國家白人優越主義和種
族歧視主義的關連性，促使美國民權法案的推動。不但爭取
了男女之間的平等，也爭取少數族群的平等，所以戰爭間接
地推動了女性平等和族群平等。這點和中國抗戰期間，許多
婦女菁英所號召藉由參加抗戰來提升婦女文化水準、改善婦
女的生活狀況、掃除一切束縛婦女風俗習慣的目的和效果是
一致的。

第三節　現代化戰爭與女性軍人

　　本文所指的現代化戰爭是指那些以使用現代化的武器和
科技所從事的戰爭，一般的分類均指一九八二年英阿福克蘭

群島戰爭以後的戰爭。以美國而言，是以波斯灣戰爭做爲說明的例子。台灣地區從八二三砲戰之後，就沒有經歷過戰爭，因此就以台灣在軍事現代化的歷程對女性軍人的影響，做爲探討的主軸。

一、台灣地區軍隊的現代化與女性軍人

抗戰之後，原本存在的許多婦女組織，有的延續下來，有的則解散。例如，女青年工作隊雖然於一九四五年十二月奉令復員，但在一九四九年國共關係緊張時，則由陸軍訓練司令部恢復成立女青年訓練大隊，招收女青年四百餘人於屏東阿猴寮受訓，共成立三個中隊。[52]

恢復成立女青年隊的原因，主要是當時國共關係緊張，大陸即將淪陷，爲搶救這些優秀的女青年，特別加以招考，實施軍事訓練，以便將來分發前線及海防單位服務。她們訓練時的分科教育分爲四組：第一組爲軍事服務組：從事軍中的文化宣傳及直接有益於士兵的教育和康樂的活動，如代寫家書、縫補衣服、讀報閱信、故事講解、舉辦晚會、歌唱、壁報比賽、舞蹈、烹飪等。第二組爲社會教育組：從事社會調查、民眾組訓、救濟恤貧、新聞通訊與報導；技術方面則有電影放映、電話安裝與維護戰地線路、攝影、電報收發、

新聞採訪等；在鄉村教育方面則有識字教學班、教育文盲、宣揚反共國策等。第三組爲兒童福利組：主要是保養及教育兒童，並到屏東各地幼稚園、托兒所實習。第四組爲衛生組：即從事軍中的救護和醫療的工作。[53] 另外也有一種說法認爲當時的女青年隊共區分政工、情報和護理三種專長。[54] 女青年隊後來於一九五〇年改隸國防部總政戰部。

當時其他的女性軍人尚有一九四七年國防醫學院成立護理學系，一九五一年政戰學校招收女生，畢業分別從事護理及文宣工作，其間因爲人數不足曾對外招考女性護理軍官班及持續招考女青年工作大隊，協助護理及文宣的工作。[55] 所以一直到一九九一年爲止，女性軍人的來源和專長僅限於上述這四種。

一九九一年國防部爲了因應男性志願役官士之不足及社會女性人力質優且充沛的情況下，擴大招收女性專業軍士官班。一九九五年三軍官校、國防管理學院、中正理工學院開始招收女性學生，使國軍女性軍人的人數日益增加。據公開的資料顯示，國軍女性軍人的人數，計有在訓軍官九百八十二員、士官七百二十一員，服役軍官二千四百八十一員、士官二千七百四十六員，合計共六千九百三十員。[56] 也使得女性軍人的兵科專長分類從以往的僅限於政工及護理兩項，增加到二十餘項之多。[57]使其角色與專長已經多樣化，一些比較專業性的職務，如陸軍的戰鬥與戰鬥支援兵科、航海、飛行都已開放給女性軍人。所以目前國軍有女性擔任飛行員、或曾擔任營長等職務；陸軍也有戰鬥支援兵科的連長；據瞭解亦有女性士官擔任特種部隊的水下爆破大隊的成員。國防部業已著手逐步實施女性軍士官直接參與基層部隊的可行性，以擴大運用女性人力，增加女性在這方面的歷練，目前陸軍已經分發至師（獨立旅）直屬的連級單位，戰鬥兵科的部隊尚無女性軍人服役。

二、波斯灣戰爭與美國女性軍人

　　由於美國女性軍人在第二次世界大戰戰場上的優良表現，促成美國女性軍隊服役法案（Women's Armed Services Integration Act）於一九四八年通過，正式賦予女性入營服役的權利。但同樣的，也限制了女性進入戰鬥性的職務，並將名額縮減至2%以下。在往後的二十年中，女性軍人的名額一直受到這個法案的限制，甚至有時僅達1%，一直到一九六七年越戰期間，才慢慢有所突破。

　　由於當時的兵役制度改為全志願役，加上女性在社會角色的變遷，如爭取公民權的運動及日以增長的所有族群（包

含女性）要求工作機會平等，使女性在表達她們的價值觀，
掃除兩性平等障礙上占著重要的角色，也對軍中的女性產生
了影響。因此，在兵役制度改變，男性兵員短缺之際，促成
女性大量進入軍中，美軍才陸續開放許多非戰鬥性的職務給
女性。很明顯地使女性軍人的需求超過2％，到了一九八○
年，女性軍人的甄補比例已達13％。[58]

　　一九七二年時，陸軍女兵總隊被核准可由預備軍官訓練
團（ROTC）的管道甄選人員；同時女性也開始接受防衛武
器的訓練；懷孕之後必須強制退役的規定也取消；一年以
後，陸軍的飛行學校也開放女性入學；一九七六年底，因為
實施男女混合訓練，使得陸軍女兵總隊專屬的訓練中心因而
關閉；一九八三年美國的女性憲兵參加了入侵格瑞納達
（Granada）的作戰行動；一九八六年在美國與利比亞的衝突
中，空軍的女性軍人曾擔任空中加油機機員的角色；一九八
九年美軍入侵巴拿馬期間，二十九歲的憲兵連長琳達・布蕾
上尉（Captain Linda Bray）成為第一位在戰爭中指揮作戰的
女性軍人。[59]

　　第二次世界大戰以後，美國的女性軍人陸陸續續參加了
美國對外所發動或參加的戰爭，越戰期間，大約有一萬一千
五百名女性軍人在越南戰場上服役，其中有90％是醫療護理

人員，在這場戰爭中，有九位女性軍職護理人員，五十六位女性文職護理人員陣亡。美國爲了表彰美國女性軍人在東南亞地區作戰的貢獻，還設立越戰女性軍人紀念碑（The Vietnam Women's Memorial）[60]，也使美國官方和政府對女性參與作戰的政策，漸漸有了改變。由於一九四八年女性軍隊服務法所衍生的美軍女性戰鬥排除法（Combat Exclusion Laws）限制女性參與戰鬥性的職務，一九八三年則以直接參與戰鬥可能性編碼表（Direct Combat Probability Coding System）做爲女性軍人派職的依據，到了一九八八年的危險法則（Risk Rule）就成爲美國在波斯灣戰爭前，作爲衡量女性是否能參與作戰的依據。[61]

其對危險法則的界定是認爲：「在有直接戰鬥、暴露於敵火及被俘的可能性風險下，非戰鬥單位如果在形式、程度及時程上所遭遇的風險大於或等於其所配屬戰鬥單位在戰場作戰狀況所遭遇的情況時，則應做爲對女性關閉非戰鬥單位職務的判準；如果非戰鬥單位或職務所遭遇的風險要比陸上、海上及空中其所配屬戰鬥單位要小的話，則應對女性軍人開放。」[62]

在波斯灣戰爭期間，美國共派了三萬三千名女性軍人到波斯灣戰場，英國也派了大約一千名的女性軍人到波斯灣戰

場。[63] 可是從第二次世界大戰以後，女性軍人進入軍中可以
說是越來越普遍，尤其是西方各國在採取志願兵役制度及男
性役齡人口大量減少之後，女性軍人已經成為軍中不可或缺
的一環。就戰爭的型態而言，美國過去的南北戰爭、第二次
世界大戰均為動員數量龐大的戰爭，女性為了填補男性人力
進入軍中所留下的工作職務，而大量走出廚房、進入各種生
產建設行列，甚至進入軍中從事輔助性及非戰鬥性的工作。
但像波斯灣這種局部性的戰爭（對美國而言），僅須動員部
分現役或備役的軍人再加上精密的武器和裝備，並在短期之
內，可以打完一場戰役，這是波斯灣戰爭和美國以往戰爭在
型式上的不同之處。

以動機而言，從一九七三年後，由於徵兵制的廢止，軍
隊採志願方式入伍，而美國陸軍為了維持必要的戰力，乃大
量的擴充女性軍人的人數。上一節本文曾談到第二次世界大
戰期間女性軍人參加戰爭的原因，但是在不同的型態的戰爭
中，這種動機有無任何的變化呢？因為參加波斯灣戰爭的女
性軍人，並非針對為了參與波斯灣戰爭而臨時徵集，而是將
現有的部隊加以調動前往波斯灣戰場，並徵調動員許多
ROTC的後備軍人參與。因資料所限，無法在此就曾參加過
波斯灣戰爭女性軍人的問卷統計資料做說明，只能概略由女

性軍人在此階段進入軍中的動機做引申。

在此階段，女性進入軍隊的動機有很大程度上是因為經濟上的誘因。所謂愛國情操驅使的因素所占的比例應該不高，為什麼呢？伊莉莎貝塔・艾笛絲（ Elisabetta Addis ）在其所著的《女性與從軍的經濟影響》（*Women and the Economic Consequences of Being a Soldier*）中曾對女性軍人從軍的經濟上動機有很深入的研究。[64]她認為「儘管女性在軍隊威權體制下所付出的成本較高，但是經濟上的酬庸在程度上比男性要更成為女性從軍的原因。」[65]也就是說從軍對男性而言，不一定是一項聰明的選擇，但對女性而言，則又另當別論。因為在美國勞動市場薪資比例上，女性的平均所得要比70%的男性薪資要低，而女性在撫育孩子時，在工作上比較不能維持長久，而且可能必須隨丈夫四處調動等。因此，在美國，女性兵員的招募常常都滿額。

雖然就女性個人而言，進入一種不熟悉的階級體系和威權體系，可能會付出傳統角色調適上的成本，但由於現代軍隊是完全志願役的，而且要求資訊與科技的效能，所以比過去減少很多威權的特質。軍人職業的一些象徵性誘因，例如，證明自己的男子氣概等，已經日益降低，變成僅僅只是一個職業。也由於薪資的平等、進修的可能性及未來的就業，都使軍人這個行業對女性更具吸引力。美國相關的實證研究亦指出，退伍之後的男性，並沒有在民間就業市場獲得有利的地位，但對女性而言，軍中服役仍然是最佳的就業選擇，因為女性在傳統及非傳統的職業中，不論是就業或薪資所得，都比男性要居於劣勢的地位。[66]在這種持續性的不利情況下，造成她們去選擇一個能夠平等僱用男女性的雇主（軍隊）。女性軍人把軍人當做一種職業，所以她們進入這個職業的原因，和進入其他行業一樣，有很大的成分是為了經濟上的誘因和影響。

從角色上來說，美國女性軍人的人數比例變化，從原來一九七三年時的1.6%到一九八九年波斯灣危機發生前的10.8%，當時軍中各項職務對女性軍人開放的程度，分別是：陸軍52%、海軍59%、陸戰隊20%、空軍97%、海岸防衛隊為100%。[67]

據美國國家輿情研究中心（National Opinion Research Center, NORC）所做的調查顯示，美國一般民眾對於女性擔任戰鬥性職務的支持率，有84%的人認為應該保持及增加女性在軍中的比例，有81%的人認為女性在軍中並不會減低軍事效能，只有35%的人同意讓女性參與近身的肉搏作戰。但是有多數人支持傳統的女兵職務，可以派赴戰場作戰，也有大多數的人支持非傳統女性職務者派赴戰區作戰。按照類別其贊成的比例如下；贊成於作戰地區擔任護理工作的有94%、車輛技工有83%、運輸機飛行員有73%、戰鬥機飛行員有62%、飛彈操作員有59%、戰鬥船艦的乘員則有57%。[68]

就實際的情況來說，波斯灣戰爭發生的前十年中，美國女性軍人就有參與作戰經驗，例如，一九八九年美國入侵巴拿馬期間，有八百位陸軍的女性軍人參加了此項戰役；在一九八三年美軍入侵格瑞納達期間，有一百七十位陸軍的女性軍人參與擔任憲兵、通信、直升機機工長、保養及兵工專業軍士官。在海軍方面，在一九八七年美國巡洋艦史塔克號（Stark）被伊拉克擊中時，所派遣救援的艦隊中就有二百四十八位女性軍人；在空軍方面，曾有女性軍人在入侵巴拿馬之役及入侵格瑞納達時，擔任空運兵員飛機的駕駛及機員的工作。[69]

在波斯灣戰爭期間，女性軍人所擔任的角色則大多與參與巴拿馬格瑞納達行動的角色差不多。但在此役中有三項特色：第一，參與此役的女性軍人人數較多，其所涵蓋的職位種類也多；第二，雖然從發動陸上攻擊到戰爭結束的時間不到一百小時，但數十日的海空攻擊和之前的部署和戰備，卻花費很長的時間，使得一些女性軍人在現代化科技戰爭中，

因長期部署所可能發生的問題一一浮現；第三，由於伊拉克
發射飛毛腿飛彈擊中美軍在沙烏地的營區，造成多人死傷，
其中也包涵女性軍人在內，使得傳統作戰地區與其他非作戰
地區的界定受到了衝擊，前線的本質也變得模糊。由於這三
項特色的存在，連帶的也影響到波斯灣戰後，女性派赴作戰
地區的政策。

　　就以職位的分類來說，在波斯灣戰爭結束後的一九九二
年，各種職位的男女比例大致如表3-2、表3-3。可以看出女
性士兵仍在文書行政及醫療衛生的類別中，占較大的比例；
在軍士官的專長分類中，女性軍人則以醫療衛生和行政部門
所占的比例最高。所以不論女性的軍士官及士兵都集中在這
兩項專長分類之中，這點延續了從南北戰爭、第一、二次世
界大戰以來的傳統。

第四節　新戰爭與新問題

　　在波斯灣戰爭中，由於派赴作戰的女兵人數眾多，在戰
場滯留從事戰爭準備和部署的時間又長，所以產生了一些新
的問題。因為在第二次世界大戰參加戰爭的女性軍人更多，
但由於當時女性軍人大部分都納入同一性質的部隊或是在高
司單位擔任文書工作，所以不一定會發生同樣問題。也有可

表3-2 一九九二年美軍士兵專長職務性別分類

職位分類	女性	男性
步兵、砲兵、水手	4.9%	19.2%
電子、資訊類修護	6.0%	11.4%
通信情報	11.6%	10.2%
醫療衛生	16.0%	5.2%
特殊技能	2.5%	2.5%
文書行政	36.7%	14.3%
動力機械修護	9.1%	23.1%
工匠、技師	2.5%	4.7%
補給保修	10.8%	9.0%

表3-3 一九九二年美軍軍士官專長職務性別分類

職位分類	女性	男性
將官	0.1%	0.7%
戰術作戰	7.6%	47.3%
情報	5.8%	4.8%
工兵及修護	10.0%	14.2%
科技與教育	4.2%	4.8%
醫療衛生	45.7%	13.1%
行政部門	17.6%	6.0%
補給與後勤	9.0%	9.0%

資料來源：Women in the U.S. Military, Selected Data, Defense Manpower Data Center, Department of Defense, http://WWW. inform.umd.edu/ED Res/Topic/Women Studies /Government Politics/Military/Selected Data.

能是在封閉體制內，就算發生類似事情也不爲人所知。當然
有些問題可能在韓戰、越戰時曾經發生，但目前還未發現類
似的研究結果可供參考。

在波灣戰爭期間，美國女性軍人形成的新議題大約有六
個：第一，文化的差異與衝擊。美軍的婦女派赴不同文化的
地區，可能會引起不同的文化衝擊。如美國在沙烏地阿拉伯
這個回教國家中駐紮有許多的女性軍人，她們的許多生活言
行都衝擊著當地的文化。像女兵駕車或乘車從街道呼嘯而
過，僅穿著單薄Ｔ恤從事休閒活動或工作，這些情況都會使
部分女性軍人認爲如此可以做爲回教婦女女性自主的先驅
者，可以改變回教國家女性的地位。但如此做不會受到回教
國家男性的歡迎，甚至還會招來敵視的眼光。

第二，戰地休閒設施的男性化傾向。美國軍方對派赴波
斯灣人員的休閒活動及設施非常重視，希望能消除他們的寂
寞和挫折。雖然女性軍人和男性成員處於同樣的情境下，但
她們的需要卻從來未被提及和承認。例如，當時美國的大使
館曾僱用三名脫衣舞孃爲駐巴林的英軍和美軍做聖誕節的勞
軍表演，以致有人質疑在軍中已有那麼多人投訴有關性騷擾
的行爲後，脫衣舞孃在軍中的表演，會不會使這種情況更爲
嚴重。[70]

　　第三，戰地的性問題與性騷擾。據報導，美國國防部曾
為表示沒有忽略性活動的問題，曾透過醫護人員散發保險套
等避孕用具，連女性軍人也一齊發放。但如何解決性事問
題，似乎是各顯神通，各憑本事，只要不產生後遺症即可。
例如，若與回教婦女之間產生糾紛，可能會被伊拉克做為宣
傳的素材，以分化美軍與回教國家盟軍的團結。另外正當美
軍女兵米莉莎（Nearly Melissa）被俘後，許多人都擔心她落
在名聲不是很好的伊拉克軍隊手中，可能會遭到強暴或性侵
犯的待遇 。但諷刺的是美國參議員迪康西尼（Deconcini）在
聽了有關波斯灣戰爭期間有關性騷擾的控訴後說：「我們在
波斯灣服役的女兵，在自己軍隊所受性騷擾的危害要比在敵
人部隊嚴重多了。」當時在戰地的女性軍人都會強烈的暗
示，性騷擾問題在波斯灣戰場上是一個大問題。正如一位女
兵在新聞週刊投書時所寫的：「環境中充滿虎視眈眈和可能
的攻擊，有一些男性軍人已經五個多月沒看見女人，他們表
現的像野獸一樣……。」[71]由此可以證明在戰地中，女性軍
人在性的自主權上，並沒有受到其他男性同僚的尊重。雖然
在戰場上，類似強暴的案件是自古就有，但因波灣戰爭中，
美軍是男女混合在同一單位服務，所以有關性及性騷擾的問
題才會特別受到關注。

　　第四，媽媽女兵的問題。從一九九○年起，美國的新聞
媒體因爲有爲數不少的媽媽女兵加入波斯灣戰爭而暱稱此次
的衝突爲「媽媽的戰爭」，英國雖然派有一千名的女性軍
人，但並沒有此種問題，因爲只有兩對夫婦派赴戰區服務，
並沒有媽媽女兵參加。在美軍的統計資料中精確的反映出這
樣的數字，當時陸軍八萬二千名女性成員中有16%的單親媽
媽。但在一九九一年的一月，大約有一百位的女性，因爲要
撫養子女而退伍，有兩位母親因無法尋得合適的小孩照護中
心而被迫退伍。而且根據美國國防部的資料，大約有一萬七
千五百個家庭的小孩因爲沒有單親或雙親的監護而離家出
走，這其中有一萬六千三百個單親父母是被派赴國外的。[72]
所以討論有關擴大女性軍人在軍隊角色的問題，在照料小孩
的問題上，就是一個很大的障礙。雖然能夠照料家庭和孩子
的新好男人觀成爲廣告形象的潛在市場，但在陽性化特質的
軍事體制中，仍然突顯照料家庭和小孩仍是女性的責任。

　　這個問題至今仍困擾著美軍官方和那些媽媽女兵，例
如，在一九九七年二月十日及二月十七日連續二週出版的
《美國陸軍時報》（*Army Times*）曾探討有關這方面的問題，
因爲有一位黑鷹直升機的飛行員寇瓦絲中尉（Lts. Emma
Cuevas）因嬰兒哺乳問題，兩次申請提前退役及申請到德州

國民兵部隊擔任同樣性質的工作，都被軍方駁回，而與軍方
對簿公堂，引起媒體熱烈討論。軍方人事單位所持的理由是
寇瓦絲中尉從西點軍校開始到她接受黑鷹直升機的訓練課程
為止，共花費軍方近五十萬美金，所以堅持她要服完應盡的
義務。目前折衷的做法是基地的指揮官准其利用中午休息時
間回家哺育母乳，寇瓦絲則稱，她還要繼續申請調至其他的
單位。這個案例也引起須重新檢討相關政策以照顧特定負有
照護責任媽媽女兵的聲音。[73]

　　第五，戰爭與女性懷孕及其他。在美國的軍中，女性懷
孕有可能被描述為是一種公害（nuisance），是一種對軍事戰
備的阻礙。正如有些民間公司將女職員的懷孕視為商業效率
提升的障礙一樣。據《美國新聞週刊》報導，在一九九一年
四月美國的驅逐艦阿卡迪亞號（Acadia）因為總共有三十六
名女兵懷孕而被嘲弄為「愛之船」（Love Boat）。連海軍都認
為懷孕是一種傳染病（epidemic）。[74]另外，根據一九九一年
美國海軍的研究指出，男性和女性都有一個認知就是有一些
女兵會利用懷孕來逃離海上勤務及一些不舒服的差事。《華
盛頓時報》也指出某運輸單位有二十二名女兵在表定前往波
斯灣戰場前六天就被發現懷孕而無法前往。[75]其他像懷孕期
間的執勤問題、服裝問題及女性都會遇到的月經前症候群，

都是女性軍人在軍中常會發生，但又難以處理的問題。如果
在承平時期，可以有很多的權宜措施（如懷孕後肚子隆起後
可以穿便服等），但在戰場上或是在戰鬥單位，這些都將變
成棘手的問題。

　　第六，女性俘虜的問題。波斯灣戰爭期間，美軍有兩位
女兵被俘，使得女性戰俘（ Prisoner of War, POW）的問題，
引起很多人的重視。其實在第二次世界大戰時，美軍就有六
十六位女兵被日本所俘，被關在集中營裡四年之後，才獲得
釋放。此次僅有二名女兵被俘，卻引起這麼高度的重視，是
因為大家都深怕這兩位俘虜會被伊拉克士兵強暴或侵害，而
透過宣傳，影響美軍的民心和士氣。這也透露出軍方高層不
願女性軍人到作戰地區從事危險的職務的幾項顧慮：第一，
認為女性的生理狀況，仍不足以從事作戰行動；第二，女性
軍人被俘可能會被強暴或侵害；第三，美國人民不願看到女
性軍人是用屍袋裝著返鄉；第四，女性因為懷孕或其他問題
（如月事）而喪失許多訓練和執勤的時間；第五，男女混合
的單位，士氣不容易維持等。[76]

　　雖然上述的這些顧慮，乍看之下似乎言之成理，但仍有
爭議性，許多軍事社會學的學者也針對相關的問題作過研
究，本文不在此詳述。但在新的戰爭型態下所產生的這些新

問題，有需要做一番通盤的檢討，我國也有必要在我國正面
臨這些問題時，先作好相關問題的研究，擬定妥善合宜的配
套措施，建構有助女性軍人發展與國軍人才運用的雙贏政
策。

結語

　　雖然隨著戰爭型態的演變，女性軍人參與戰爭的動機和
擔任的角色也產生變化，但變化的程度似乎沒有戰爭型態來
得劇烈。

　　以動機來說，我們可以發現在面臨生死存亡的戰爭或是
全國動員的總體戰爭時，有很多的女性在即使無法成為軍人
的情況下，想辦法透過各種組織和管道協助軍隊作戰。她們
的動機雖然包含許多比較不為人所道的個人因素，但基本上
在戰後都會認為是愛國心的驅使，才使她們參加作戰。尤其
是在革命戰爭時期，這點應該是無庸置疑的。

　　在民族戰爭期間，因為男性人力的短缺及實際的需要，
而有正式女兵的出現。就中國的抗戰來說，在初期並沒有正
式的女兵，所以當時參與作戰女兵的動機和革命戰爭時期的
特色一樣，是充滿著理想性和使命感。到後期招募正式女青
年軍時，仍帶有這樣的色彩，因為抗日早已形成全中國人民

的共識。

　　就美國參加第二次世界大戰為例，其動機就比較富有個人的色彩，可能是因為戰爭未在美國本土發生，沒有實施全體動員及美國較注重這方面的研究，比較重視個人層面的因素有關。到了波斯灣戰爭的現代化戰爭時期，因為人口結構的變遷和兵役制度的改變，女性軍人認為軍人這個職業的薪資及未來前途要比民間就業市場要好，使得大量的女性軍人進入軍中，人數比例也年年增加，很明顯的，她們參加的動機非因戰爭的影響或因愛國心的驅使，大部分都是因為經濟的影響，使她們選擇了軍人這個職業，所以參加戰爭則成了她們必須面對的責任和任務。

　　就扮演的角色來說，造成女性軍人在戰爭中角色變化的因素，並不全然只有戰爭而已，其他還可以考慮到軍事體制的需求（如國家安全處境、軍事科技的發展程度、戰鬥與非戰鬥部隊的比例、兵力結構及軍事傳統等）、社會環境的特質（如人口結構、女性在民間勞動市場的地位、經濟因素及家庭結構等）、有關性別與家庭結構的文化考量（如對性別與家庭的社會價值、輿論對性別整合的觀點及有關男女平等的價值觀）等，都是影響女性軍事角色的主要因素。這些因素在承平與戰爭時期都會呈現出不同風貌。

　　現代化的戰爭中，女性軍人所從事的工作仍以醫療衛生和文書行政爲主體，雖然在擔任戰鬥性職務對女性的限制越來越放寬，但是地面直接與敵作戰的單位，仍限制女性軍人參與。就人數比例上，各種特殊及專業的領域都已有女性參與，但以上述兩種職位類別所占的人數最多。到底是生理的限制因素使然，或是女性的天性較適合此兩項工作，實有必要做進一步的研究。

　　另外在革命戰爭時期和民族戰爭時期，女性進入軍中參與或協助作戰行動，與提高女權、維護女權平等似乎有很大的關係。這個時期參與作戰的女性似乎都是獨立性較強、學歷較高的婦女菁英，她們原本就希望藉著參與作戰來提高女權，改善女性的地位。也因爲戰爭的發生使許多男性被徵召上戰場，使許多婦女走出廚房，參加各項生產建設的行列，等到戰爭結束，要讓這些婦女重回廚房已非易事。所以戰爭的發生促進了社會變遷，並使參與過戰爭的女性更加獨立自主，在提高婦女的地位上產生了非常正面的效果。

　　在現代化戰爭時期，由於兵役制度與戰爭形態均已轉變，男性兵源的減少，使得女兵進入軍中的人數越來越多。這些女兵進入軍中的動機，有很大程度上是因爲經濟的因素或影響。由於男女在民間就業市場的不平等，使得男女薪資

平等的軍隊吸引了許多女性的加入，儘管她們在環境調適上
須付出較高的成本。這個時期女性所擔任的角色仍以文書行
政和醫療護理爲主，但爲顧及女性軍人升遷福利及待遇的機
會均等，也開放了許多戰鬥性的職務給女性，雖然在比例上
不高，但有其象徵性的意義。

　　女性軍人在面臨像波斯灣這種新形態的戰爭之後，也產
生了一些新的問題。這些問題原本在戰爭發生時就會存在，
但因戰爭型態的不同，而有了新的內涵。美國軍方有許多研
究機構正針對這些問題展開研究，以提出有效的因應之道，
我國在致力發展女性軍人制度之後，開始面臨類似的問題，
例如，國防部蔣前部長就曾在立法院專案報告時承認「女性
人員懷孕、生產期間，有關其服裝補給、育嬰假、性騷擾防
治、心理輔導等之因應措施及規定，尚待進一步充實。」當
然這只針對承平時期及非戰鬥單位，有關女性軍人在戰鬥單
位服役的情況和在戰爭時期的規劃及政策，目前仍有不足之
處。所以應針對類似此種情況，預先妥爲規劃，他山之石，
可以攻錯，也許藉著研究他國的經驗可以爲我國尋求制定相
關政策的參考。

註釋

1 黃有志，〈女生上成功嶺與兩性平等〉，《民眾日報》，民86年1月10日，十二版。

2 Gaston Bouthoul 原著，陳益群譯，《戰爭》（台北：遠流，1994年4月1日），頁 101。

3 有關女性與戰爭的研究在美國已經非常成熟，曾有人研究美國南北戰爭對美國婦女的影響時認為，雖然婦女飽嘗戰爭之苦，但「南北戰爭迫使女性更加主動、獨立及更加機智，也因此促進了她們在經濟、社會及知識上的進步。」參考自 Mary Elizabath Massey, *Bonet Brigade*(Toronto: Random House, Inc., 1966), p.x. 另外有人以戰爭對女性產生的危機做相關的研究，例如，研究南北戰爭時女性如何度過因戰爭而形成的家庭危機（The Civil War as Family Crisis），及以女性如何兼顧家庭與國家之間的矛盾等問題做過類似的研究。參考 George C. Rable, *Civil War: Women and the Crisis of Southern Nationalism*(Urbana and Chicago: University of Illinois Press), p. 50, 136. 其他有關女性研究的主題中亦有研究女性與戰爭關係的內容。

4 D'Ann Compbell, "Servicewomen of the World War Ⅱ," *Armed Forces and Society*, Vol.16, No.2, Winter (1994), p.262.

5 Kurt Lang, *Military Institutions and the Sociology of War*, Beverly

Hills,(CA: Sage, 1972), pp.133-156. 轉引自洪陸訓,〈軍事社會學初探〉,《復興崗論文集》,第十四期,政治作戰學校編印,民84年6月30日。

6 持反對意見者大多爲現役或退役的高級將領或保守派人士,持贊成意見者大多爲民意代表或女權維護者。菲律賓軍校招收女生也遇到類似問題,《聯合報》,民86年3月17日,十版。

7 Gaston Bouthoul 原著,陳益群譯,前揭書,頁42。

8 新戰爭論的分類方式見艾文·托佛勒、海蒂·托佛勒原著,傅凌譯,《新戰爭論》(台北:時報,1994年4月),第五章,第六章及第九章。

9 同上註,頁73。

10 楊績蓀編,《中國婦女活動記》(台北:正中書局,1964年11月),頁61〜78。

11 林維紅,〈同盟會時代女革命志士的活動〉(1905〜1912),引自李又寧、張玉法編,《中國婦女史論文集》(台北:台灣商務印書館,1981年),頁162。

12 同上註,頁131〜161。

13 戚世皓,〈辛亥革命與知識婦女〉,引自李又寧、張玉法編,《中國婦女史論文集》,第二輯,(台北:台灣商務印書館,1988年5月),頁572。

14 Stephen J. Dienstfrey,“Women Veterans'Exposure to Combat,”*Armed Forces and Society*, Vol.14, No.4, Summer (1988), p.549.

15 “Women in the American Revolution: Legend and Reality”, from Women in the Wartime: From the American Revolution to Vietnam, p.2. http://Social/Studies.com/mar/Women War.html.

16 “Deborah Sampson: A Woman in the Revolution,” from Women in the Wartime: From the American Revolution to Vietnam, p.2. http://Social/Studies.com/mar/wowenwar.html.

17 Mary Elizabeth Massey, Bonnet Brigades, op. cit., p.xiv.

18 “Civil War Women as Men Discussion,” Query from Belle Sprague, 21 Feb 1996, http://h-net2.msu.edu/～Women/archives/threads/disc-CivWar Woman.html.

19 在“Women in the Civil War: Warriors, Patriots, Nurses and Spies”中探討女性在南北戰爭中的角色時，就將其概略分爲四種，即戰士、愛國婦女、護士及間諜。引自 Women in the War Time: From the American Revolution to Vietnam, http://Social Studies.com./mar/Woman war.html., p.2.

20 “Civil War Women Discussion,” April 1996, H-Net, Humanities Online, http://av.yahoo.com/bin/query?

21 有關克蕾頓的詳細說明可參考 Richard Hall, *Patriots in Disguise:*

Women Warriors of the Civil War(NY: Marlowe & Co., 1993)資料引自 http://av.yahoo.com./bin/query?p.2.

22 "Civil War Women as Men Discussion", Query from Belle Sprague, op. cit., http://av.yahoo.com/bin/query?p.2.

23 Rose O'Neal Gtreenhow Papers, An On Line Archival Collection, Special Collections Library, Duke University, http://Scriptorium. lib.duke.edu /greenhow/

24 Sarah E. Thompson Papers, 1859-1898, An On Line Archival Collection, Special Collections Library, Duke University, http://Scriptorium.lib. duke.edu/Thompson/

25 戚世皓,〈辛亥革命與知識婦女〉,前引文,頁559。

26 謝冰瑩,《女兵自傳》(台北:東大圖書公司,1992年9月三版), 頁68～73。

27 第一次世界大戰美國婦女參加作戰的數據參考自Carol Barkalow and Andrea Raab, *In the Man House: An Inside Account of Life in the Army by one of the West Point's First Female Graduates*(New York: Poseidon Press, 1990), p.273. 第二次世界大戰的數據則引自D'Ann Compbell, "Servicewomen of World War II", op. cit., p.251.

28 參考謝冰瑩,《抗戰日記》(台北:東大圖書公司,1988年11月再版);古原,〈抗戰時期的女青年軍〉,《歷史月刊》,第三十五

期，頁44〜46；呂芳上，〈抗戰時期中國的婦運工作〉，《中國婦
女史論文集》，第一輯，（台北：台灣商務印書館，民國七十年七
月），頁379〜411；梁惠錦，〈抗戰時期的婦女組織〉，《中國婦
女史論集續集》（台北：稻鄉出版社，1991年4月），頁359〜
390。

29 原文爲民國二十七年通過的「動員婦女參加抗戰建國工作大綱」所
列的婦女在抗戰中的任務，引自呂芳上，〈抗戰時期中國的婦運工
作〉，頁379。

30 謝冰瑩，《抗戰日記》，附錄二，前揭書，頁447。

31 謝冰瑩，《抗戰日記》，前揭書，頁447〜449。

32 呂芳上，〈抗戰時期中國的婦運工作〉，前引文，頁384〜387。

33 謝冰瑩，《女兵自傳》，前揭書，頁379。

34 梁惠錦，〈抗戰時期的婦女組織〉，前引文，頁377。

35 古原，〈抗戰時期的女青年軍〉，前引文，頁46。

36 梁惠錦，〈抗戰時期的婦女組織〉，前引文，頁378。

37 Stephen J. Dienstfrey, "Women Veterns Exposure to Combat", op. cit., p.549.

38 D'Ann Compbell, "Servicewomen of World War II", op. cit., p.253.

39 Carl Barkalow and Andrea Raab, *In the Men's House: An Inside Account of Life in the Army by one of the West Point's First Female*

Graduates, op. cit., p.275.

40 D'Ann Compbell, "Servicewomen of World War Ⅱ", op. cit., p. 254.

41 Ibid., p. 255.

42 Ibid., p. 255.

43 Ibid., p. 256.

44 Heike Hasenauer, "Marching Toward Equality," *Soldier*, March 1997, p.22.

45 Ibid., p. 23.

46 June A. Willenz, *Women Veterans: America's Forgotten Heroines*(New York: Continum Publishing Co., 1983), p. 31.

47 Heike Hasenauer, "Marching Toward Equality", p.23. Charity Adames Early, *One Woman's Army: A Black Officer Remenbers the WAC*(Tex: Texas A & M Press, 1989), p. 216.

48 John Kovacs, Barbart T. Gwynne, *From the Junier League to a WAC Commanding Officer*, http://www.stg.brown.edu/projects/WWⅡ-Women/JuniorLeague.html.

49 June A. Willenz, "Women Veterans: America's Forgotten Heroines", op. cit., p.6.

50 Heike Hasenauer, "Marching Toward Equality", op. cit., p.23.

51 Sharon H. Hartman Strom, Linda P. Wood, *Women and World War Ⅱ*,

http://WWW.stg.brown.edu/projects/WW II Women/Women in the WW II .html., p.3.

52 有關這段期間女青年隊的訓練狀況，可參考張文萃所著之《阿猴寮女兵傳》（台北：韜略出版公司，1995年7月）。以下有關女青年隊的敘述均參考此書。另可參考中研院口述歷史叢書《女青年大隊訪問記錄》。

53 張文萃，《阿猴寮女兵傳》，頁172～178。

54 陸震廷，《中華女兵》（台北：江山出版社，1984年10月），頁15，26，27。

55 前國防部長蔣仲苓先生立法院「如何維護軍中女性軍士官權益問題」專案報告，《第三屆第二會期立法院公報》，第四十九期，委員會記錄，頁一。

56 計算至一九九六年十二月止。引自國防部長立法院專案報告，頁1。

57 依據一九九七年度軍事學校女性專業軍、士官聯合招生簡章，其兵科專長有航海、飛行、政戰、護理、行政、補給、資訊、財務、通信、兵工、衛勤、修護、土木、氣象、通電、車駕、飛機修護、航電、航管、兵役管理、生產管理等，加上未來三軍官校畢業女學生的專長共約二十餘種。

58 David J. Armor, "Race and Gender in the U.S. Military," *Armed Forces*

and Society, Vol.23, No.1, Fall (1996), p.11.

59 美國女兵參與作戰歷程參考 Heike Hasenauer, "Marching Toward Equality", op. cit., p.24. 及 Carl Barkalow and Andrea Raab, in the *Men's House: An Inside Account of Life in the Army by one of the West Point's First Female Graduates*, op. cit., pp. 273-283.

60 The Women Serving in the Military, *Military Women Home Page*, http://www.telepath.com/bfallwel/women.html.

61 Carl Barkalow and Andrea Raab, *In the Men's House: An Inside Account of Life in the Army by one of the West Point's First Female Graduates*, op. cit., pp.273-283.或參考莫大華，〈美國女性官兵擔任戰鬥職務政策之探析〉，《美歐月刊》，民85年10月，第11卷第10期，頁43～59。

62 定義原文：Difinition of DOD Risk Rule: Risks of direct combat, exposure to hostile fire, or capture are proper criteria for closing non-combat positions or units to women, providing that the type, degree and duration of such risks are equal to or greater than the combat units with which they are normally associated within a given theater of operations. If the risk of non-combat units or positions is less than comparable to land, air or sea combat units with which they are associated, then they should be open to women.

63 正確數字各家均不一致，可能是引用資料不同所致。莫大華文說有三萬五千名，Heike Hasenauer 則說僅有二萬六千名，而 Julie Wheelwright 則在其所著之 "It was Exactly Like the Movies: The Media's Use of the Feminine During the Gulf War" 中則說有三萬三千名，本文採取 Julie Wheelwright 的數字。

64 Elisabetta Addis, "Women and the Economic Consequences of Being a Soldier," *Women Soldier: Images and Realities*, ed. by Elisabetta Addis and Valeria E. Russo and Lovenza Sebesta(New York: St. Martin's Press Inc., 1994), pp. 3-27.

65 Ibid., p.21.

66 Ibid., p.26.

67 Carolyn Becraft, "Women in the Military, 1980-1990", http://www.inform.umd.du/ED Res/Topic/WomenStudies/Government Politics/Military/fact sheet. p.2.

68 National Opinion Research Center, University of Chicago, April 1983, http://www.Inform.umd.edu/ED Res/Topic/Women Studies/Government Politics/Military/fact sheet, p.3.

69 Ibid., p.4.

70 Julie Wheelwright, "It Was Exactly Like the Movies: The Media's Use of the Feminine During the Gulf War", op. cit., p.121.

71 *Newsweek*, 5 August 1991.

72 "Pentagon Details Cost to Children," *Washington Post*, 6 January 1991.

73 Nick Adde, "Black Hawk Pilot Versus Motherhood," *Army Times*, February 10, 1997, p.3. Karen Jowers, "Rule on Nursing Mothers May Get Second Look," *Army Times*, February 17, 1997, p.8.

74 Col. D. H. Hackworth, "War and the Second Sex," *Newsweek*, 5 August 1991.

75 Julie Wheelwright, "It Was Exactly Like the Movies: The Media's Use of the Feminine During the Gulf War", op. cit., p. 130.

76 Column by Karl Disshaw, "Women Merit Equal Role in Armed Forces", http://Social Studies.com/mar/WoanWar.html.

第四章

女性軍人擔任戰鬥性職務之探討

女性在軍中服役，經驗到「玻璃天花板」的限制，
這種升遷的障礙多是以細微、不易察覺的方式呈
現。

——女性現役少校

　　前數年，由於高等教育入學門檻降低，使得軍校招生殊為不易，使國軍基層除了一些擔任勤務支援的技術性兵種上能補足員額之外，一些戰鬥性職務的軍士官員額仍然不足。由於女性勞動力的充沛，在勞動市場供過於求的情況下，大量高素質的女性人力，投入軍中的意願甚高，在大量招收女性軍人數年之後，我國女性軍人的發展人數已近萬人，並仍有發展空間。[1]

　　由於我國目前女性軍人所擔任的職務，大都是在高司單位及勤務支援單位擔任輔助性及行政性的工作，在招收人數年年增加，退伍人數卻未增加的情況下，也形成相關人事擁塞的情況。[2]男性的狀況剛好相反，據統計前幾年資料專科軍官留營比例約為12%，志願役預官留營比例則為2.3%，形成男性軍人不想留在軍中，女性軍人則大量留營的現象。[3]雖然透過精實案與各種基層軍官人才招募管道，補足了基層軍官的缺額，但女性軍人制度長久發展的結果，不僅排擠了男性可派任的職務，也堵塞了女性軍職人員的升遷管道。例如，士官的職缺中，上士及士官長以部隊中的領導職居多，而目前女性士官大多為業勤士官或勤務支援部隊士官，如果不為女性軍人拓展適任職務，將嚴重影響女性軍士官的前途發展。因此有必要開拓女性派職的職務類別，增加進修教育與指參教育的員額，以利其職務之升遷與生涯規劃。

　　由於女性軍人的增加，社會對於女性將軍的出現也充滿期待，如果一位女性軍人在服役期間均為從事輔助性與行政性的工作，無法擔任戰鬥性職務或歷練主官職，就無法具備晉升的資格，所以要探討女性將軍何時出現也必須和拓展女性從事戰鬥職務共同探討。本文所指的戰鬥性職務，係指除了直接參與第一線作戰的兵科之外，雖為勤務支援兵科，但分發至戰鬥部隊服役者亦屬之。

第一節　美國的經驗與趨勢

　　各國對女性軍人從事戰鬥性職務的政策採取一種漸進式的發展，並非從女性軍人制度創立，就開放戰鬥性職務，因為軍隊原本就是一個具備男性化傳統，以男性為主宰的團體，女性軍人的需求，或軍隊本身的需要，亦未達到迫切程度。

　　以美國而言（美國女性軍人最具代表性，也最為人所知），遠從美國獨立戰爭開始，就有女性於軍隊服役，並從事戰鬥性的職務。[4]第一、二次世界大戰期間，美國也有大規模的女性參與戰爭，其中第一次世界大戰期間約有三萬四千名，第二次世界大戰期間則約有三十五萬人。[5]她們所從

事的工作大多爲行政性或輔助性的工作，雖然這些女兵隨著
美軍至歐洲及太平洋戰場服役，遞補了許多男性工作，釋放
許多男性人力至第一線作戰而貢獻卓著，但隨著第二次世界
大戰的結束，美軍也停止招募女兵。雖然沒有女兵被派遣擔
任戰鬥性職務，但有很多女兵是在戰爭的狀況下從事各項工
作（例如，在前線的司令部中亦有女兵服役，而常遭敵軍火
砲射擊而有生命危險）。

　　由於戰後許多男性軍人大量的復員返鄉，造成技術人才
的流失，使軍方重新考慮徵召女性軍人，並準備立法使其成
爲長期的編制。一九四八年國會通過並由美總統杜魯門簽署
「女性軍隊服役整合法案」（Women's Armed Services
Integration Act），使原來的陸軍女兵大隊（Women's Army
Corp, WAC）成爲軍隊的正式編制，但亦限制女性軍人不得
超過2%。[6]這個人數限制比例在韓戰爆發時則被棄置不用，
當時共有14%，約五萬名的女性軍人服役，在韓國也有少數
的女兵在漢城及釜山擔任行政職務。韓戰結束後2%的服役
限制則恢復正常實施。

　　到了越戰期間，爲了能讓較多的男性軍人到前線作戰，
2%的限制取消，但許多的兵科部隊仍然不願接納女性軍人，
並將女性排除在戰鬥職務之外，直到一九九三年爲止。戰鬥

是軍隊意識型態的核心，但戰鬥性職務的定義似乎是模糊及
曖昧的。因此美國國防部便在一九八八年以「危險法則」
（Risk Rule）作爲界定戰鬥性職務的基礎（在此之前於一九八
三年則以直接參與戰鬥可能性編碼表做爲衡量女性軍人派職
的依據）。[7]危險法則將危險界定爲「在有直接戰鬥暴露於敵
火及被俘的可能性風險下，非戰鬥性單位如果在形式、程度
及時程上所遭遇的風險大於或等於其所配屬戰鬥單位在戰場
作戰狀況所遭遇的情況時，則應作爲排除女性擔任該非戰鬥
單位職務的判準；如果非戰鬥單位的職務所遭遇的風險要比
陸上、海上及空中其所配屬單位要小的話，則應對女性軍人
開放。」[8]當一九九一年波灣戰爭爆發時，美國就是以「危險
法則」作爲派遣女兵的依據。

　　一九九三年，美國當時的國防部長亞斯平（Les Aspin）
以新的地面戰鬥的定義取代了「危險法則」只限制女性不能
參與那些在地面上直接與敵軍交火，或可能遭遇面對面肉搏
戰的單位。[9]在這樣的政策之下，只有在遭遇危險的情況下
才會排除女性軍人擔任特定的工作。雖然有此項規定，但女
性幾乎仍被排斥在所有執行攻勢作戰，直射武器及整個遂行
地面作戰的單位，包括了裝甲、步兵及野戰砲兵這三個被視
爲戰鬥核心的兵種。

在波灣戰爭過後，美國國防部長錢尼（Dick Cheney）曾公開讚揚說：「女兵在這場戰爭中有很大的貢獻，沒有她們就無法打贏勝仗。」史瓦茲柯夫將軍（General Norman Schwarzkopf）亦認為美國女兵表現非常好。[10]女性軍人在波灣戰場的大量出現，加上媒體的渲染，使得女性擔任戰鬥職的問題又重新被提起。[11]女兵們的表現也稍微化解了大眾對她們能力的疑慮；有國會議員指出，波灣戰爭顯示女性與男性一樣出生入死，面臨同樣危險狀態，但女性並未獲得應有的尊重，認同與利益或與戰鬥有關的職務。[12]

　　一九九一年美國國會解除限制女性軍人開戰鬥機的禁令，雖然這項法令經過布希總統的簽署，但女性軍人仍未被派任飛行戰鬥機，同樣的法案也允許女性至戰鬥艦服役，除了潛艇以外。國防部長亞斯平並下令軍隊釋出戰鬥機飛行員的職務給女性，也要求國會廢除限制女性至戰艦上服役的禁令。[13]其中艾森豪號（USS Eisenhower）於一九九五年四月完成六個月的遠航訓練，是第一艘有女性軍人共同訓練的航艦，在總人數五千人中有四百名女性。[14]海軍也計畫於一九九五年起以三年的時間，開放三十艘戰鬥艦給女性服役。

　　然而這些發展並未消除對女性擔任戰鬥性角色的爭議。軍隊仍有許多人都反對女性從事戰鬥職，軍隊高層也採取一

系列拖延（foot-dragging）策略去阻礙女性擔任新開放的戰
鬥職務。例如，美國前陸軍部長威斯特（Army Secretary
Togo West）曾命令開放更多職缺給女性軍人，陸軍亦建議有
七千個職缺可以開放給女性，但陸軍副參謀長皮依（General
J. H. Binford Peay）則建議暫停實施，俾使情況能有所改變。
[15]當時的陸軍參謀長蘇利文（Gordon Sullivan）也反對女性在
缺乏必要的體格標準前，指派擔任戰鬥性職務，因為將引起
士氣與隱私權方面的問題。[16]由於陸軍高階將領的反對，陸
軍部長稍後放棄了原先要開放的三千職缺，包括戰鬥工兵、
防空、野戰砲兵等營級的職缺，儘管初期遭逢一些阻力，陸
軍在一個月後仍計畫開放三萬二千個原先要禁止女性參與的
職缺，其中還包含多管火箭砲兵營，及擔任載運特戰部隊飛
機的駕駛員。

　　海軍於一九九四年間開放航艦上的職務於女性，但排除
女性至海豹突擊隊（SEAL Commando）、核子潛艦及掃雷艦
上服役。當海軍第一位培育的女性戰鬥機飛行員賀格琳中尉
（Rara Hultgreen）於一九九四年十月墜機後，一些男性飛行
員和高層將領，乃因此質疑女性服戰鬥職的政策，因為這件
事故證明了女性無法擔當戰鬥的責任，但爾後卻有證據顯示
墜機的原因乃是引擎故障的結果。[17]

　　到了一九九五年有67%的陸軍職缺和62%的海軍陸戰隊
職缺，仍然限制女性參與，除此之外，對所有地面作戰的單
位如野戰砲兵、低層防空、戰鬥工兵、軍事情報和特種作戰
飛機的飛行員都有嚴格的限制。[18]其中有些職務是傳統晉升
高階的必要經歷，所以嚴重的影響了女性晉升高階的機會。

　　因此雖然情況有所改變，大部分女性從事戰鬥職務的限
制仍然存在，雖然文字上的性別平等已經出現，但性別意識
型態仍然操控著戰鬥職務的核心。

　　從美國的例子我們可以看出具有長久女性軍人服役歷史
的美國，在推行女性軍人服戰鬥職的歷程並非想像中的順
利，也曾遭遇來自軍隊內部高層將領與部隊基層的質疑與反
對，但美國仍從法令修改著手，在女性主義者的推動及美國
軍隊實際的需要下，法令得以修改，但在實際推行時遭逢了
來自軍隊內部的阻力，因此美國目前開放給女性服役的戰鬥
性職務，雖已超過90%，但海軍的潛艦部隊和陸軍與海軍陸
戰隊旅以下的地面戰鬥部隊，仍未開放給女性軍人。

第二節　我國的現況與發展

　　從辛亥革命開始，就有女性參加革命的行列，其主要的
活動內容可分為九個方面：即宣傳、捐募、醫療勤務、聯

絡、運輸、起義、暗殺和偵探軍情等九項[19]，有些活動內容
從現代作戰的眼光看，即屬戰鬥性部隊的作戰任務，甚至像
暗殺的工作，已經有點類似特種作戰部隊的任務了，但都僅
限於革命時期。[20]

　　國軍從招募正式的女性軍人開始，女性軍人一直所從事
的都是一些如護理、文康宣教的行政性和輔助性工作。對女
性軍人的派職與分發主要在機關、學校、醫院、廠庫、軍
團、聯隊等駐地固定的單位，但因上述單位職缺有限，國防
部乃宣布將擴展任職的管制，讓女性軍人除了任職教育職及
幕僚職之外，也有機會出任戰鬥部隊指揮職且歷練相關經歷
後，可以晉升將軍。為維護女性軍人權益並兼顧男女平權的
觀念，國防部也採取了八項具體措施：檢討增加適任職缺、
暢通女性晉升管道、多元經管全方位發展、不依性別做工作
區隔、強化官兵法紀教育、建立諮詢、申訴專屬管道，並檢
討修訂女性軍人管理規定等；外島的女性軍人則是以個人志
願優先分發的方式行之。[21] 各軍種也明定女性軍人的經管歷
練與運用計畫；以陸軍為例，正期女性軍官僅開放戰鬥勤務
官科（工兵、通信兵、運輸兵、化學兵）任用；專業女性軍
官目前以技術勤務官科（行政、經理、財務、兵工）及通信
兵科運用為主，各兵科以10%為運用限量（女性軍士官來源

見表4-1）。

在經管培育方面，正期女性軍官在法定役期內實施通才

表4-1　國軍現有女性軍士官來源分類表

校別	班隊	兵科專長
1. 陸軍官校	正期女生	工兵、通信、化學、運輸
2. 海軍官校	正期女生	航海
3. 空軍官校	正期女生	飛行科
4. 政戰學校	正期女生	政戰
5. 政戰學校	女性軍官班	社會工作科
6. 政戰學校	軍訓教官班	軍訓教官
7. 中正理工學院	正期女生	技勤官科
8. 國防醫學院	正期女生	護理
9. 國防醫學院	護理軍官班	護理
10. 國防管理學院	女性軍官班	行政、補給、資訊、財務
11. 國防管理學院	女性士官班	行政、經理補給
12. 陸軍通信電子學校	女性軍官班	通信科
13. 陸軍後勤學校	女性軍官班	兵工科
14. 陸軍後勤學校	女性士官班	通信修護、衛勤、一般補給
15. 空軍航空技術學院	女性軍官班	補給、修護、土木、航空氣象、通電
16. 空軍航空技術學院	女性士官班	補給、車駕、儀表電器、飛機修護、航空電子維護、航空管制
17. 聯勤兵工技術學校	女性軍官班	生產管理科
18. 後備動員管理學校	女性軍官班	兵役管理科
19. 海軍技術學校	女性士官班	補給、電信科

資料來源：綜合整理各軍事學校女性軍、士官班招生簡章而成。

教育,結合原有基層任期規定,歷練排長、副連長,並以培育至連長爲目標,役滿後如續服現役,則可依個人性向以幕僚職或教育職歷練爲主,循專業發展。或依考核鑑定及徵得個人意願歷練指揮職,並與幕僚職、教育職實施交互歷練,循通才發展,如按各階層順利向上培育,則可經管至將級教育或幕僚正副主管(陸軍正期女性軍官通才發展經管體系如圖4-1)。

專業女性軍官則於服役期間均實施專業培育,於本兵科或經專業職類受訓之專長範圍內擔任幕僚或教育職,但是不得擔任指揮職,並逐級歷練幕僚或教育職向上發展至上校正(副)主管。專業女性士官之經管發展,除了同男性士官經管規定外,另外按其適任專長,區分爲領導(幕僚)職、技勤職及教育職等三類經管體系(技勤職、教育職經管體系如圖4-2、4-3)[22]。

在海軍方面,由於女性軍人的高獲得率(90%)及高留營率(一、二期士官91.2%軍官98.8%)[23],雖然對基層幹部缺員的窘境,提供了適當的紓解的管道,但在預期女性人力將持續增加的情況下,原有陸岸職缺不但不夠使用,也可能產生排擠效應,使男性軍官無法派任岸上的職務,此種情況以士官較爲嚴重,男性士官因而無法調任陸地職務,將使人

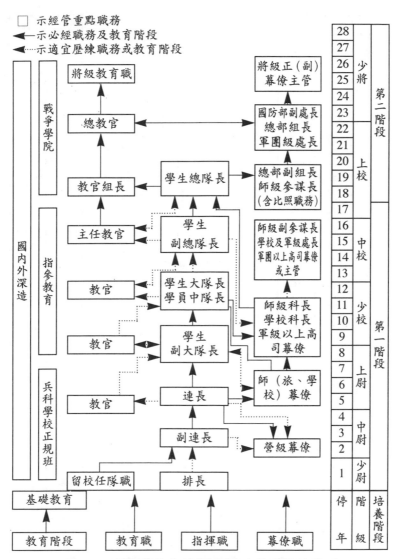

□ 示經管重點職務
◀── 示必經職務及教育階段
◀····· 示適宜歷練職務或教育階段

圖4-1 陸軍正期女性軍官通才發展經營體系

資料來源：國防部研究報告，〈陸軍女性軍士官經歷管理與運用之研究〉。

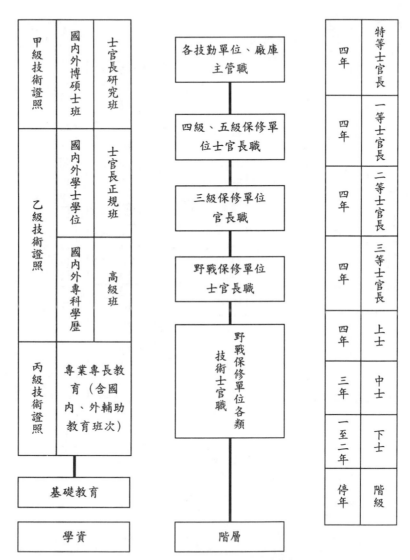

圖4-2　陸軍技勤職經營體系

資料來源：國防部研究報告，〈陸軍女性軍士官經歷管理與運用之研究〉。

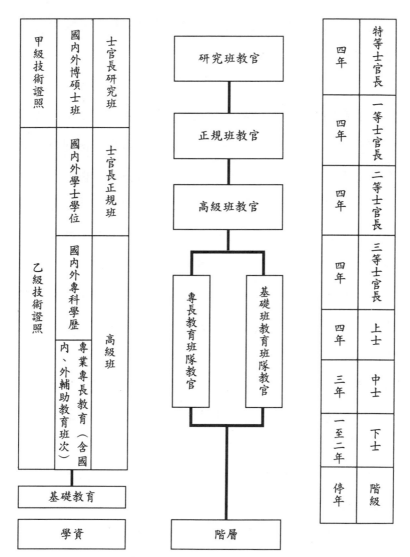

圖4-3　陸軍教育職經營體系

資料來源：國防部研究報告，〈陸軍女性軍士官經歷管理與運用之研究〉。

力原本就已不足的男性士官，留營意願受到影響（海軍女性
軍官經歷發展體系如圖4-4）。

　　隨著海軍官校招收第一期的女學生畢業，海軍也制定了
女性軍官的經歷發展體系，做爲經歷管理之用，基本上與男
性軍官相差無幾，只不過沒有規劃至潛艦服役。但海軍似乎
在女性軍士官的任用上，有心要突破一些藩籬。例如，第一
位女性營長[24]、第一位女性連長（第一位帶領男性下屬的連
長）[25]，以及目前在海軍爆破大隊完成特戰訓練的魔鬼女大
兵黃慧芬，都可算是我國女性軍人發展史上的創舉。

　　一九九八年底，陸軍官校第一名畢業的女學生在面對媒
體時，曾公開希望要從事戰鬥性的職務；但從陸軍正期女性
軍官的經管制度來看，她們仍無法擔任步兵、砲兵、裝甲
兵、憲兵四個兵科的職務；在指揮職的歷練則僅能從事連長
以下的職務，營級以上則需按考核鑑定及個人意願而循通才
發展，才能歷練營級以上的指揮職，不過仍以學校單位的職
務爲主。至於爲何只規劃女性軍官的經管到連級以下，則可
能是考慮到連長任職期間（二十六歲至三十歲）正值適婚年
齡，可能會面對懷孕生子及家庭小孩照料的問題；而且女性
軍官所規劃的役期只有四年，依照經管制度，服役四年正值
中尉停年已滿準備晉升上尉之際，在面臨去留問題時，連長

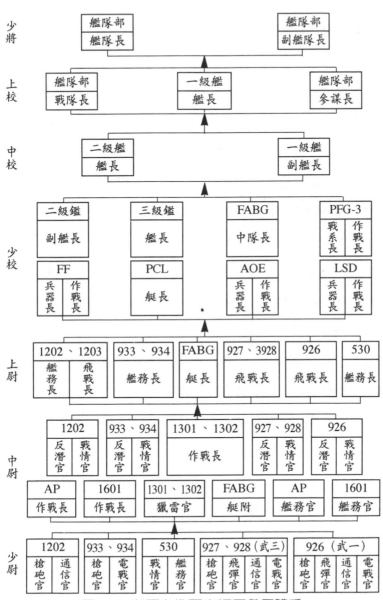

圖4-4　海軍女性軍官經歷發展體系

資料來源：海軍總部人事署。

一職是重要關鍵。

根據陸軍對正期女性學生的問卷資料顯示，認為可以至第一線遂行戰鬥任務者，有30%；考量生理差異應居第二線的則有70%；願意選擇戰鬥官科者有39%，戰鬥支援官科則有61%。[26] 此項問卷實施的時間為一九九六年一月，當時陸軍官校正期女性學生約有二十六位。根據陸軍官校後來所實施的問卷顯示，若開放戰鬥兵科供選擇，在總數三十九位的女性學生之中，有64.2%希望選擇步兵、砲兵、裝甲兵等戰鬥兵科，其中砲兵最多占46.2%。這與對已經下部隊的女性軍士官所做問卷的結果差異甚大。若只能選擇戰鬥支援官科則有41%選擇通信兵；33.3%選擇運輸兵；其餘不到三成會選擇工兵及化學兵。但若開放所有兵科卻有61.5%的人希望離開陸軍至憲兵及陸軍航空兵服務。[27]

從上述的調查結果來看，已經下部隊的女性軍士官比較能夠感受到部隊帶給他們的壓力，仍在就讀軍校的女學生感受比較不強烈，在填寫問卷選擇兵科時會帶有一點理想性，想要與男學生有所競爭，或希望因此改變國防部既定排除女性參與戰鬥兵科的政策；但在真正選擇兵科時，則可能因為現實的考量，而選擇非戰鬥性兵科。基本上，我國有關女性軍人派任戰鬥職務的政策仍未成形，一般人較關心的只是何時會有女將軍出現[28]，對女性軍人在戰鬥職務的開放上是否公平，並未十分關切。我國目前也沒有像美國危險法則一樣，足以作為女性軍人派任戰鬥職務的規範，恐怕是這方面的需求不夠迫切，或是這方面的訊息與研究仍然不足所致。

第三節　女性軍人擔任戰鬥職務之探討

女性軍人在軍隊中服役，受到男女平權觀念的影響，不單對女性開放的職務愈來愈多，大幅開放戰鬥性職務予女性亦是大勢所趨[29]；對女性是否參與戰鬥職亦有熱烈的討論。例如，明顯贊成大幅開放所有職務的以Linda Bird Francke所著 Ground Zero: The Gender Wars in the Military 及 Judith Hicks Stiehm 所編的 It's Our Military, Too: Women and U. S. Military 為代表。[30]認為應重新思考女性擔任戰鬥職務，並將之比擬為災難（disaster）的則有 Brain Mitchell 的 Women in the Military: Flirting with Disaster。[31]另外美國國防部亦曾委託蘭德公司（RAND）實施一短期性的研究。此研究並非是一種對女性在軍隊服役的一種全面性分析，而只是一種企圖評估女性在軍事職務進展及效果的短期分析。[32]上述各書對女性是否擔任戰鬥職務的問題做了很充分的探討。以下僅就數項針對女性軍人擔任戰鬥職的相關論點綜合探討。

一、就生理上而言，女性不適擔任戰鬥職務

這是限制女性軍人擔任戰鬥職務最常使用的理由。從原始戰爭開始，一般總認為女性的體力，平均而言要比男性要小，「因為用弓箭標槍打獵需要體力、速度、敏捷和凶猛。從生物學角度來說，這些都是女子的弱項，卻是男子的強項。」[33]根據美軍有關部門研究顯示，女性軍人在體力上僅及男性的68%，若要完成非常吃力的軍事任務，只有3%的女性能夠勝任，而男性則有80%可以擔當此職。[34]其實雖然女性的體力比較弱小，但許多國家並沒有因此減少女性該負的沉重勞動工作，而且在現代戰爭中，許多戰鬥的職務在體能條件的要求愈來愈少，反而需要更多的知識訓練和紀律。步兵部隊背負的裝備重量愈來愈輕，任何沒有做過體能測驗的男性均可負擔，況且身高及體型超出男性平均數值的女性也大有人在，他們的能力及體能狀態不一定會遜於男性。

二、女性軍人在戰場上被俘會被強暴、凌辱、陣亡無法
　　令人接受

近年來，不讓婦女參加作戰最常提到的理由是女性軍人一旦被俘，除受到其他不良的對待外，可能還會遭受到強

暴。事實上，女性在戰爭期間，本來就容易受到傷害，例如，波灣戰爭期間，美軍兩位女戰俘技術士官妮莉（Melissa Rathbun Nealy）和直昇機飛行員克南（Rhonda Cornum）曾在戰後記者會上承認兩人曾被性脅迫，其中一人還被伊拉克軍人撫摸。美國國防部官員則補充說，她們二人並未被強暴[35]，但事實上，不論男性或女性只要進入軍隊行列（不論志願或義務），都必須接受可能受傷或陣亡的危險，即使在承平時期亦是如此。當女性正冒著生命危險的時候，卻要以她們可能會被強暴，而反對她們擔任戰鬥性職務未免太過偽善（hypocrisy）。[36]

克南少校以其被俘的親身經歷認為，雖然可能被俘是主要用做排除女性擔任重要戰鬥職務的議題，但她被俘時表現與男性一樣好。[37]況且女性被俘可能會被敵國媒體作為宣傳，男性被俘亦是如此，而且男性俘虜的影片在電視播出的殺傷力，不見得會小於女性被俘的情況，這則與宣傳策略與心理作戰息息相關。害怕女性軍人被俘之後會被強暴或凌辱的觀點，忽略了一個現實，即女性軍人也有可能在所屬營區及野外教練時被自己同僚強暴或性侵害。

三、女性懷孕或是生理問題會占去許多訓練時間

　　女性有其特有的生理狀況，如懷孕及每月的生理期，皆
與男性有極大的差異。尤其懷孕之後，必須要避免參與一些
激烈的訓練，以免胎兒受到影響。例如，我國陸軍總部在二
○○○年一月所頒布的「女性軍士官孕期工作安全須知」
中，明定「女性軍士官對於不持續、不激烈之演訓及出操
等，允許參加，但如產生不適或疲勞的現象，應予停止或休
息」；「懷孕三個月內及七個月以上，基於母親及胎兒之健
康和安全考量因素，劇烈動態之演訓及出操則應避免。」[38]

　　依照此項規定，如果擔任戰鬥性職務的女性軍人懷孕，
的確會占去許多的訓練及戰備的時間，更何況進入軍中的女
性正值適婚年齡，結婚懷孕或非計畫性的懷孕的比例甚高，
因此必須妥慎制訂女性軍人的懷孕政策，尤其大幅開放女性
擔任戰鬥性職務後更是如此。美國軍隊特別重視懷孕對戰備
任務達成與部隊服役能力的影響，[39]像美國海軍非常關切此
項問題，在實施遠程的航海訓練時，都會要求先實施懷孕測
試，在一艘有四百名女性軍人的船艦中，只有十五名因為懷
孕而必須離艦，遠低於岸上女性軍人懷孕的比例。[40]雖然如
此，為怕女性規避上艦而懷孕，乃制定「美國海軍部懷孕政

策」。雖有明定的政策，但對於長期部署海外的航空母艦而言，除了上艦服勤前的驗孕之外，也無法嚴格管制艦上男女官兵的親密性行為，或是以懷孕逃避作戰勤務的蓄意行動，容易因為艦上女性軍人的非計畫性懷孕，而使軍艦蒙上「愛之船」的「美名」。此次美伊戰爭中的林肯號航艦即有二十多名的女兵因艦上懷孕而遣送回國。

但目前並沒有明確證據顯示，女性軍人因懷孕而免於服勤的時間會多於男性軍人，因為男性軍人可能因不假外出（AWOL）、逃亡、嗑藥、酗酒及禁閉而無法執勤的時間，可能還比女性因懷孕無法執勤的時間總數要多。

四、女性進入戰鬥部隊會影響戰鬥效能、團結與士氣

有部分的男性軍人認為因為女性軍人加入戰鬥部隊，會造成部隊中競爭性增強，或是為達男女平權而刻意維護女性軍人權益，造成部隊戰鬥效能的降低，進而分化部隊的團結。例如，在實施野外訓練及演習時，如果注重男女平等，則應該男女接受同等待遇，同住野外並共同面臨野外生活的不便，給予女性軍人特別照顧的作法，雖然兼顧了女性軍人在生理上和安全上的需求，卻也打擊了部隊的團結。

因為團結的形塑基礎在於團體共同的經歷、分享冒險和

彼此經歷困難的經驗,而非性別的區分。[41]美國國防研究中心研究指出「女性的參與對部隊的戰備並沒有造成很大的影響。不論男女都會認為女性的表現與男性一樣好。但這並不是說女性的參與並沒有造成任何的影響,實際上仍然存在。例如,懷孕被認為會影響對女性軍人工作的運用,尤其當單位內人手不足,或女性軍人成員愈來愈多時,其影響就會愈大,造成限制懷孕的措施愈來愈多,而產生愈來愈多不良的影響。」[42]

對於女性擔任戰鬥職務影響戰鬥效能的問題,有學者將其歸納在責任倫理(ethic of accountability),認為指揮官的責任在於保護部隊安全,維持部隊達成任務的效能,並確保官兵的生命,避免做無謂的犧牲。[43]這種責任倫理認定如果女性擔任戰鬥性職務,軍隊的高標準效能將無法維持。特別是若能排除女性參與戰鬥性職務,將更能經濟有效達成軍事任務。持這種看法美軍高層非常普遍,就連致力開放更多職務予女性軍人的美國陸軍部長威斯特,也不得不認為開放戰鬥性職務予女性軍人,將引起機會平等原則與軍隊戰鬥贏得戰爭義務的衝突。正如其言:「問題主要在如何有效運用資源從事作戰,又能與機會平等原則間獲得適切的妥協。」[44]因而有高階將領批評文人官員對於開放戰鬥性職務給女性是

「理想化的目標干預了軍事效能。」[45]

在對單位團結的影響方面，國防研究中心的研究報告顯示，較高階的男女性軍人比較有團結的向心力，性別只有在單位內存在衝突性團體（conflicting groups）時才會形成問題。當性別對單位團結產生負面影響時，主要是因為衝突發生，一般人都會從表面上以性別來作為分類的標準，也因為結構性和組織性的行為擴大了性別差異，或是單位內開始有男女約會情形，就會產生對單位團結的影響。除了負面的影響之外，也會產生正面的影響，例如，男女性軍人之間的競爭性，也可以提升單位內的專業水準。[46]

在對士氣的影響方面，美國國防研究中心的報告認為性別並沒有很顯著的影響部隊士氣，但對領導統御有所影響。主要集中在兩個部分，即性騷擾問題和雙重標準的問題。性騷擾使女性軍人害怕因為過度反應，會遭致嚴厲的處罰；而男性則害怕被誣賴為性騷擾。另外同一單位內男女性軍人的約會和親密關係的發生，會對部隊士氣形成很多問題。[47]

五、女性的性格特質不適合擔任戰鬥職

一般傳統印象均將戰爭視為男人的事，而認為從人類第一場戰爭到最後一場戰爭，其中或多或少能有角色參與，這個不變的基本角色，便是男性體內自由游離的攻擊能量，而這種能量指的就是男性賀爾蒙。[48]故認為女性的性格，如溫柔的、敏感的、體貼等典型的女性化特質不適於從事戰鬥性職務或是成為軍事領導者。

但事實上並非如此，許多軍校女學生在入學前，非常的女性化，但是經過四年的軍校教育後，這些女性並沒有變得比較男性化，而是變得兩性化（androgynous）。[49]性別刻板的印象雖然相當普遍，但極端的被標誌為男性化及女性化的特質，在這些女學生身上已逐漸減少。性別的區分如果依照性格特質的標準，則大部分的性格特質是兩性化的，即個體的特質相當的複雜，並隨著情況的不同而有不同的表現。[50]因此一個具有強烈刻板女性特質的女性初次進入軍中，必定會倍感無法適應及勝任戰鬥職，但經過軍事訓練後，女性性格特質會呈現多樣化，決斷力與堅強毅力不見得比男性差，會如專業的職業婦女般的具有獨立、企圖心和自信，有這樣的特質，足可擔任戰鬥性的職務。

六、女性擔任戰鬥職的意願

根據多項問卷調查結果，大多數女性軍人都比較注重服役單位的安定及經濟因素，很少的女性軍人會主動爭取擔任

比較辛苦的戰鬥職。例如，一九九七年二月海軍總部人事
署，對官校各年班女學生所做的問卷顯示，她們報考的動機
以「獲得一穩定保障之工作」為最高，占54.1%；其次為
「減輕家庭經濟負擔」，占39.3%；而「想在軍中開創一番事
業」則為最低，僅占6.6%。可見其進入軍中仍以經濟性因素
為主，比較沒有追求事業成就的積極性。[51]

　　民間婦女亦有此種情形，她們會因為下列因素而對工作
表現有所保留：如擔心忽略家庭、擔心影響交友擇偶、擔心
影響配偶相處、擔心工作壓力、擔心影響生活情趣、擔心影
響人己關係等，因而在工作表現上採取較保守之態度，不肯
主動爭取表現。[52]另外據陳膺宇等人的研究顯示，女性軍職
人員最想從事的工作中，以「機關、學校文書幕僚」所占的
比例最高，占全體受測人員的37.1%；希望擔任部隊文書幕
僚工作的也有12.1%，希望從事教職的則有30%，真正想要
從事領導職與指揮職者僅占10.3%。[53]（如表4-2）這個比例
與海軍所做的問卷相近。可見國內女性軍職人員從事領導或
指揮職的意願不高。若問卷改為至第一線步兵單位或潛艦單
位服役，可能比例還會更低，前述為陸軍官校女性正期學生
所做的問卷顯示多數女學生想要選擇戰鬥性的職務，只是因
為未實際接觸而不瞭解戰鬥部隊的特性，以及在以男學生為

表4-2　目前期望工作分布狀況

項目	人數	比例
機關、學校文書幕僚	613	37.1%
學校教職	495	30.0%
領導或指揮職	170	10.3%
部隊技勤工作	112	6.8%
部隊文書幕僚	200	12.1%
其他	62	3.8%
合計	N=1652	100%

資料來源：陳膺宇，陳志偉，張翠蘋，我國女性軍職人員特質研究，
　　　　　國防部補助研究計畫，民國86年7月1日，頁43。

主的環境中所引起競爭的心理。有些陸軍官校畢業的女學生
剛下部隊非常慓悍，但在部隊時間一久，瞭解長官部屬對她
的期望之後，自然以最適於生存的形象出現。

　　雖然大部分的女性軍人考量現實因素不願擔任戰鬥性職
務，但據調查結果仍有少部分的女性軍人願意將軍人作為終
身職業，所以不應該以大多數人沒有意願為由，阻礙了少數
人參與戰鬥職的機會。

結語

　　為及早規劃及落實女性軍人的經管運用，明確其生涯發
展與方向，對於女性軍人從事戰鬥性職務的規劃，不僅有利

女性軍人的未來發展，亦有助於整體建軍的發展。為了保障
女性軍人服役的權益，使女性軍人優質人力能充分發揮效
益，以補男性人力之不足，應擴大女性軍人參與戰鬥性的職
務，不但可以解決基層缺員之苦，亦可保障女性軍人的權
益。開放女性軍人參與戰鬥性職務是一可行的政策，但開放
戰鬥性職務予女性軍人時，仍須以逐步漸進的方式行之，且
必須是自願且性格特質與體能狀態適任者為優先，不應設定
女性保障名額，而以能力與性向作為考量，而非性別。亦即
先行全面檢討所有軍事職務的分類，效法美國除了極少數如
特戰部隊、潛艦部隊及第一線旅以下作戰部隊外，詳列女性
目前及以後可參與或適合的職務，提供女性軍人生涯規劃的
參考。最後還須加強女性軍人在參與戰鬥性職務所需的專業
技能與專長訓練，增強女性軍人在軍事專業的本質學能，增
加其分配獲得戰鬥性職務的機會。

　　女性軍人的運用，對已實施女性軍人制度的國家而言，
似乎是一種兩難且矛盾的選擇；從成本效益的因素來看，在
資源有限的情形下，訓練女性軍人似乎需要更大的成本，因
為一般女性軍人若要達到與男性同樣程度的體能，必須花費
更多的時間與成本來訓練；另一方面，因為女性軍人的教育
水準較高，接受度較強，服從性較高，必然也會減少專業訓

練的時間，何況女性軍人的擴大運用，更具兩性平等的象徵
意義。與西方各國發展狀況類似，開放女性軍人擔任戰鬥性
職務將是未來的趨勢，但在實施之前，必須做好事前的準
備，並以政策效能爲首要考量，不是爲了平等而平等。任何
自我期許甚高的女性軍人都會想要擔任戰鬥性職務，以肯定
自己的能力與男性平等競爭。但在許多配套措施不夠完善和
軍隊文化尙未改變的情形下，女性要想從事戰鬥職務，仍需
付出更多的努力。

註釋

1 女性軍人的比例定爲5%，以四十萬國軍計算約有兩萬人，目前尚未
　足額。

2 以陸軍爲例，每年招訓的員額爲軍官一百五十員，士官爲九百三十
　員，共一千零八十員，但每年退伍均不到20%，形成女性軍人人事
　管道擁塞。

3 統計數字引自陸軍總部人事署八十七年研究報告。

4 有關女性在革命戰爭中擔任角色的研究，請參考前一章〈戰爭與女
　性軍人〉。

5 D'Ann Campbell, "Servicewomen of World War II," *Armed Forces and
　Society*, Vol.16, No.2, Winter(1990), p.251.

6 Carol Barkalow, Andrea Raub, *In the Men's House: An Inside Account of
　Life in the Army by One of West Point's First Female Graduates*(New
　York: Poseidon Press, 1990), p. 280.

7 Ibid., p.280.

8 Office of the Secretory of Defense, 1988, *Report on the Task Force on
　Women in the Military*, January, Washington, D. C., pp. 10-11.

9 Eric Schmitt, "Generals Oppose Combat by Women," *New York Times*,
　17 June 1994 , p. A18.

10 Jeanne Holm, *Women in the Military: An Unfinished Revolution*, Rev. ed. (Novato, Calif: Presidio Press, 1992), p.470.

11 美國政府在對女兵形象有信心之後，才讓媒體呈現女性軍人的倩影；在入侵格瑞那達及巴拿馬之役中，女性軍人仍須遮掩。見 Cynthia M. Enloe 著，沈明室譯，〈建構美國女兵的政治學〉，《女性軍人的形象與現實》（台北：政戰學校軍事社會科學研究中心，1998年），頁84～113。

12 Association of the Bar of the City of New York, "The Combat Exlusion Laws : An Idea Whose Time Has Gone," *Minerva*, Quarterly Report on Women and the Military Sep.1991, pp. 41-55.

13 Larry Rother "Era of Female Combat Pilots Opens with Shrugs and Glee," *New York Times*, 29 April 1993, p.A1.

14 "New Top Admiral to Push Wilder Combat Role for Women," *New York Times*, 4 May 1994, p.A20.

15 Eric Schmitt "Generals Oppose Combat by Women," op. cit., p.A18.

16 Ibid.

17 Eric Schmitt, "Pilot's Death Renews Debate over Women in Combat Role," *New York Times*, 30. Oct 1994, p.A7.

18 Art Pine, "Women will Get Limited Combat Roles," *Los Angeles Times*, 14 January 1994, p.A5.

19 楊績孫編，《中國婦女活動記》（台北：正中書局，1964年11月），頁61～78。

20 其他相關的內容參閱本書第三章〈戰爭與女性軍人〉。

21 《聯合報》，民85年12月18日，頁3，頁5。

22 以上資料均引自國防部研究報告——〈陸軍女性軍士官經歷管理與運用之研究〉。

23 海軍總部人事署統計資料。

24 海軍陸戰隊司令部勤務營營長苗瓊文中校，本身為政戰兵科，任滿一年之後卻已轉任軍訓教官。成功嶺大專女生集訓亦有女性營長，但為任務編組，非國軍編制，故排除在外。

25 有關易承翰上尉的報導，見《政戰工作通訊》，民88年4月號。

26 「陸軍女性軍士官經歷管理與運用之研究」，前引報告，頁6。

27 陸軍官校民87年內部研究報告結果。

28 歷次在立法院的對有關女性軍人權益的公聽會中，多數民意代表關心的就是何時會出現女性將軍，但在軍情局出現女將軍後，此類議題很少被提及。

29 各國國防白皮書均註明此點，如1998韓國國防白皮書、1998日本國防白皮書、1998英國國防白皮書則強調有關懷孕的政策。

30 Linda Bird Francke, *Ground Zero: The Gender War in the Military* (New York: Simon & Schuster, 1997); Judith Hicks Stiehm ed., *It's Our*

Military, too!(Philadephia: Temple University Press, 1996).

31 Brain Mitchell, *Women in the Military: Flirting with Disaster*, http://www.amazon.com/exec/obidos/ts/book...reviews/.

32 Margaret C. Harrell, Laura L. Miller, *New Opportunities for Military Women*(Santa Monica: RAND, 1997).

33 趙鑫珊，李毅強，《戰爭與男性賀爾蒙》（台北：台灣學生書局，1997年10月），頁198。

34 B. Hammer, "Woman Body Builders," *Science*, 7 March 1986, pp. 74-75.

35 *International Herald Tribune*, 31 August 1991.

36 Karl Dishaw, "Women Merit Equal Role in Armed Forces," http://Social.studies.com/mar/woman war.html.

37 Rhonda Cornum, "Soldiering: The Enemy Doesn't care if you are Female," 引自 *It's Our Military, too*,有關克南的傳奇經歷亦可參閱其所著 *She Went to War: The Rhonda Cornum Story*(Novato, Califi: Presidio Press, 1992).

38 參閱陸軍官方之《忠誠報》，民88年1月7日。

39 Brain Mitchell, *The Weak Link: The Feminization of the American Military*(Washington D. C.: Regnery Gateway, 1989), pp. 166-171.

40 Douglas Waller, "Life on the Coed Carrier," *Time*, 17 April, 1995, p.37.

41 M. C. Devilbiss, "Gender Integration and Unit Deployment: A Study of G I Joe," *Armed Forces and Society*, 11, Summer (1985), p.543

42 Margaret C. Harrell & Laura L. Miller, *New Opportunities for Military Women*, op. cit., p.37.

43 Anthony Hartle, *Moral Issues in Military Decision Making*(Lawrence: University of Press of Kansas, 1989), pp. 52-53.

44 Eric Schmitt, "Generals Oppose Combat by Woman," op. cit., p. A1, A18.

45 Ibid., p. A1.

46 Maragaret C. Harrell & Laura L. Miller, *New Opportunities for Military Women*, op. cit., pp. 53-66.

47 Ibid., pp. 69-82.

48 趙鑫珊，李毅強 ，前書，頁200。

49 即雖保留若干女性的特質，但卻不會影響其領導部隊時的決斷力與領導統御能力。如國軍第一位在海軍陸戰隊勤務團後勤綜合連擔任連長的易承翰上尉則認爲其工作之要求，不會因爲性別而有所鬆懈。《政戰工作通訊》（模範女軍士官特別企畫，民國88年4月1日），頁43。

50 劉秀娟，《兩性關係與教育》（台北：揚智文化，1998年4月2版）。

51 海軍總部人事署,對海軍官校女性學生問卷結果統計,1997年2月。

52 古碧玲,〈女性追求的結——高處不勝寒〉,引自《中國女人的生涯觀——安家與攘外》(台北:張老師出版社,1990年7月),頁100〜102。

53 陳膺宇、陳志偉、張翠蘋,《我國女性軍職人員特質研究》(國防部補助研究計畫,民國86年7月1日),頁43。

第五章

女性軍人與軍事文化

如果可以讓我選擇的話，我要當個男生，然後再來
讀軍校，去讀陸官，充實我的學經歷，我去摘星。

——女性現役上校

　　每當論及女性軍人的淵源及典型時，不難從歷史找出大家耳熟能詳的範例，如花木蘭扮男裝代父從軍十二年，未被人察知；樊梨花伴夫征西，成就功業；穆桂英率宋兵征遼，護衛宋朝江山；梁紅玉親擂戰鼓，建立中興事功；秦良玉白杆興師，永寧剿匪，延續了明朝宗室等。由於事功顯赫，因而傳誦千百年，成爲鼓舞女性加入軍旅的最好教材。[1]在讚嘆上述女將突破傳統觀念，執掌兵符，指揮三軍之外，對於促成上述女將功勳的人格特質與環境因素，反而較少有人著墨。

　　除了花木蘭之外，樊、穆、梁、秦等人皆爲名將之妻，可以頂著先生的光環號令三軍，即使先生不在營中，情如子弟的部屬與士兵大體亦會遵從命令。如果這位女將熟讀兵書，略通武藝，也可以初試啼聲，藉著建立的令名與當朝皇帝的封號，率領數萬部眾南征北討，其成就不輸給男性。換句話說，上述女將在軍隊因爲先生的護持，位居可以指揮全軍之高位，直接面對來自長官及同僚的壓力較小。其次，上述女將在指揮部隊時，皆已婚，社會歷練也足夠，因此避免了青澀調適軍旅的階段，也不用在基層歷練，迭生挫折。然而這幾位女英豪的事蹟已經成爲一種傳奇故事，相傳多年，難免有誇大或失眞之處，謹對女性投入軍旅生涯有象徵性的意義。

　　在中國歷史的長河中，爲何只有上述幾位女將的事蹟流傳後世？主要原因是中國傳統文化所形成的父權制度，父系社會以及統治社會的模式使婦女地位大幅下降。漢朝以後，由於獨尊儒家，提出三綱五常的理論，使男尊女卑成了千古不變的眞理，這種儒家經典把中國女性地位定的更低。儒家典範雖經朝代變革而有興衰，但一直是壓抑女性地位的主要因素。縱使蠻族入侵統理，亦會入境隨俗，接受儒家的「婦道」。[2]因此上述女將故事發生的時間，大都爲戰亂時期，並非在盛世階段。

　　在此種文化體系下，作戰成爲男性專屬事務，軍隊自然被視爲男性的專屬領域，因爲女性在三從四德、女子無才便是德的價值觀下，在公領域毫無發展空間，更何況是講究體力與武藝的軍隊與作戰領域。我們可以假設如果花木蘭在入營之後，女性的身分被識破，她能否抗衡來自軍隊陽剛性文化所形成的壓力；換句話說，在身分未被識破前，其他的男性同僚會認爲她是作戰的夥伴，毫無顧忌地一同從事訓練與作戰，使其理所當然的融於軍事文化之中。只要花木蘭能夠克服自己的心理障礙，在基本戰技如騎射、武藝、體力能夠跟得上，在軍中服役十二年，應該會是漸入佳境。但是如果

男性同僚發現她是一位女性，而且具有強烈的競爭性的話，
各種問題會接踵而生；如交往分界的問題、性騷擾的問題、
性別整合與訓練的問題，以及因敵視及競爭的原因所形成的
壓力，除非具備堅韌的毅力和堅持到底的精神，否則不容易
留在這個對女性充滿敵對性的軍隊環境。

　　有趣的是，政戰學校是最早招收女學生的軍校，以往女
學生所住的區域，是在學校角落自成一格的小營區，平時大
門深鎖，被列為男性軍人的禁地。因為其特殊性及帶有一絲
神秘的色彩，而被喻為「木蘭村」，由此可見有讚譽與效法
花木蘭之意。但是大家似乎忘了，花木蘭是因為隱匿女性身
分，才能在軍隊有發展空間，是否意味著要在軍隊中成就功
業，就必須壓抑女性的特質，才有成功的機會呢？事實上在
農業時代的社會分工中，女性並非被劃分在軍事與作戰的領
域，長此以往，軍隊因歷史傳統、集體的信念與價值觀所形
塑而成的軍事文化，自然會對女性軍人參與軍中事務有所敵
視與排斥。

　　對女性而言，軍隊會成為敵對性的環境，並非由於軍事
組織的特性所致，而是長久以來軍隊組織由男性所把持所形
塑而成的陽剛文化所造成。對於此種文化的傳承，因為女性
軍人的大幅進入軍隊，而產生爭議。有人認為原本崇尚戰鬥

的軍隊文化，會因女性的加入而有所折損，甚至會降低戰鬥
力。有人則以兩性工作平等的立場，要求大幅度的開放軍中
女性適任職務。目前有關女性軍人擴大服役，以及擔任戰鬥
性職務的討論，主要的問題也都集中在於軍事文化。因此本
文希望從對軍事文化的探討之中，瞭解女性軍人對傳統軍事
文化的影響，及如何建立一個既能保障女性軍人工作權益，
又能維持軍隊戰鬥能力的軍事文化。

第一節　軍事文化的界定與內涵

　　如果以學術的標準及現有學科的研究方法與成果探討軍
事文化，可以從組織學、人類學、社會學、政治學，甚至是
心理學的角度去討論。除了文化本身定義的分歧之外，每個
學科對文化的界定也不盡相同。軍隊是政治體制的一部分，
有些運作與價值觀，特別是在軍政之間的互動，與政治文化
事密切相關的。軍隊也是社會的縮影，有什麼樣的社會，就
有什麼樣的軍隊，社會文化也會穿透軍營的高牆影響軍事文
化。[3]某些軍事文化的變革也會爲了拉近與社會文化之間的
落差。[4]軍隊決策者在做決策時，受到自己的知覺與認知的
影響非常大，而這種認知與知覺的形成，亦受到軍事文化的
影響。就人類學的觀點而言，某個時期、某個地區及某特定

族群所形成的共同成就與觀點，也會形成文化。如潘乃德認為戰後日本人具備菊花與劍的性格，引此種性格所形成的軍事文化，與其他國家自然也有所不同。從組織學的觀點而言，軍隊是一特殊性的組織，從組織文化的觀點來加以定義，或許可以更廣泛的討論。謝恩（Edgar Schein）認為組織文化是「一個團體在一段期間對解決外在環境生存問題與內在環境整合問題的學習。這樣的學習同時發生於行為、認知與情緒的過程…。因此文化可以界定為是：第一，具基本假設（basic assumptions）的形式；第二，由特定團體所發明、發現及發展；第三，學習處理外部調適問題與內部整合問題；第四，運作良好而被視為是正統的；第五，可以授予新成員學習；第六，可供他們體會、思考、感覺相關的問題。」綜合謝恩的觀點而言，軍事文化就是一種根源組織深層結構所流行集體擁有的假設、觀點、價值、習慣與傳統，並在成員間創造分享個人的期待，並可藉各種團體的社會化與組織的運作形塑而成。文化也可以包含有關是非、好壞、重要程度的行為與態度，而經常展示於各種英雄事蹟、傳奇及典禮之中，以增進成員對文化的認同。簡言之，文化可以說是由不同認同與經驗來源結合形成組織的「接合劑」（glue）。[5]因此，當明確存在一套以領導統御方式運作的觀點與期待時，強而有力的文化就已滲入整個組織之中，換句話說，文化也是一種「組織內的行爲模式」（how we do things around here）。[6]

另外一個與文化相類似的名詞是組織氣候。與文化不同的是，組織氣候是一種根源於組織價值體系，加上環境的刺激而成，如組織之內的賞罰制度、溝通的模式、運作的節奏等，這些都會決定個人與單位對工作品質的認知。簡言之，就是「對組織的感覺」。[7]組織氣候被視爲是短期之內可以改變的，而且大部分限制於可警覺的組織環境的面向。[8]

組織文化與氣候兩者是密切相關的，組織氣候可以被視爲是一種可觀察與計量的人造文化，而且可以影響組織效能。有許多研究顯示，其他原本屬於文化的特質如介入性、一致性、調整性及任務優先性等，不僅與成員組織效能的認知相關，也和類似觀念的客觀事務有關。這是第一種探討軍事文化的向度。

第二種向度是以軍事文化的功能作爲途徑，也就是認爲軍事文化必須溯源自軍隊的任務與目標，而且這些任務與目標必須是社會所支持的。最明顯的例子就是代表國家遂行戰爭，以及有必要時維持國內秩序。雖然冷戰的結束，使得軍隊必須偏重在一些如和平維持等非戰鬥的任務，但是「遂行戰爭仍然是主宰軍事文化的核心信念、價值及複合象徵規範。」[9]柏克認為如果要探討組成軍事文化的唯一要素，就是「要消除或克服戰爭不確定的企圖，區分戰爭的型式，控制戰爭的影響，並從意義及影響層面去詮釋戰爭。」[10]依照此種說法，有些學者就不認為軍事文化是一種對戰爭恐怖環境的機械反應，也不是「促使軍隊適應戰爭任務」的工具理性因素。相對的，歷史上有許多因為軍事文化造成執行戰爭任務效能不彰的例子。因此有些學者仍認為軍事文化是「一種精緻的社會建構（social construction），是一種創造性情報的演練，透過此兩種方式可以用特定方式描繪戰爭，專注於對戰爭如何遂行與為了何種戰爭目標的合理化。」因此雖然軍事文化是戰爭的產出，但同樣也會影響未來戰爭的可能性與型式。[11]

　　本文則藉由施尼德（Don M. Snider）的觀點，綜合歸納軍事文化具有以下四種內涵：[12]

一、紀律

　　所謂的紀律，就是軍人不論有無規範，不論在平時或戰時，所表現出來的嚴整行為，通常由指揮者來加以律定。紀律的目的，首先在培養軍人的風範與儀態，使內心的心理與外在的行為舉止能夠有所依據。另外就是適應戰場上的要求；在戰場上容易因為狀況不明，產生混亂的情形，一支有訓練、有紀律的部隊，在遭遇伏擊、包圍或失去聯繫等意想不到的狀況時，最能沉著應戰，化解危機。紀律不嚴整的部隊，部隊內部可能就已經問題重重，在遇到緊急事故時，就可能分崩離析，毫無戰力可言，或甚至在戰場上造成誤擊，致使友軍傷亡。[13]

　　另外紀律也可以減少戰爭所造成的暴力殺虐，這對維持戰爭的正義性非常重要。例如，日軍在侵華期間，對士兵紀律的要求非常重視，但是在南京城破時縱容軍隊的大肆殺戮，與軍隊紀律要求形成絕大的諷刺。由此更可印證個人或單位紀律的價值與對軍事文化的影響。在現代化戰爭中，由於實施聯合作戰，每個人在戰爭中的角色成為如原子一般的小個體，就連單獨實施作戰的戰鬥機飛行員，也比須接受戰管的指揮與管制，以獲得最新目標情報及飛行導引。簡諾維茨（Morris Janowitz）在一九六〇年指出：戰爭的工業化使「軍隊建設在紀律與權威的基礎產生了改變，從權威性的宰制改變為更依賴軟性技巧、說服力及團體一致性的方式來處理。」[14]因此美軍也將此種紀律的要求融合在領導統御的課程內涵上，再三強調團體意識與精神在軍事單位成功的重要

角色。[15] 一位負責任具專業素養的軍官,他會爲了部隊的利
益,隱藏個人的利益與慾望。

二、專業化的風氣

　　所謂「專業化的風氣」(professional ethos)是一種「規
範性的自我體認,可使成員去界定專業的共同認同,日常行
爲規範(特別是軍官)及其社會價值。」[16] 這樣的風氣必須
能夠廣爲社會所認同與接受,以提供其合法性,支持軍隊專
業,此也更突顯軍事文化問題的重要性。杭廷頓認爲「以同
樣方式做事的人們,日久會傾向發展出特殊而且持續性的思
想習慣。他們與世界之間獨特的關係,提供他們對於世界獨
特的觀點,而且引導他們將自己的理論與行爲合理化。持續
客觀的表現專業功能,軍人則會產生持續的專業心智。因此
軍人的心智及寓於專業軍事功能所表現出來的價值觀、態度
和觀點可以依據此功能推算而得。」[17] 杭廷頓認爲可以將軍
人思想的內容定義爲專業道德;軍隊的專業功能就是「代表
社會的暴力管理者」。

　　如果以柏克的觀點而言,專業主義的風氣就是「一種英
雄傳統與科技傳統結合現代武器及使用的混合體,強調技術
領導和協調合作以理性有效方式達成團體目標的現代官僚體

系的管理傳統。」[18]由於上述有關專業主義的內涵仍未發展
至理想階段，使因之形成的軍事文化也存有爭議。

三、軍事慶典與禮儀

　　最能外顯軍事文化的內涵，除了供展示的的軍備武器之
外，就是軍事慶典與禮儀（ceremonial displays and eti-
quette）。軍隊與一般組織最大的不同就在於對慶典與禮儀的
重視，例如，每天的升降旗、週月會的閱兵與檢閱、儀隊與
軍樂的訓練與表演，甚至軍人的婚禮、祭典、升遷、退伍都
會有隆重的儀式。[19]這些典禮與儀式代表著軍事文化的傳
承，也可以從典禮中培養向心力與榮譽感。軍人最大的特質
在於強烈的愛國心，軍事慶典與禮儀可以在潛移默化中，培
養軍人的愛國心。軍人為了保衛國家，必要時須犧牲性命，
如果不熱愛國家，如何為其犧牲，而這種犧牲的精神也無法
用金錢去彌補或收買，而是要使其感覺為國家犧牲是最大的
榮耀。美國學者拉斯維爾（Harold D. Lasswell）也認為由於
使用暴力使參加作戰者有面臨死亡的危險，因此以支付現金
做為作戰獎賞是最不恰當的。所以精神鼓勵比物質獎勵的效
果更好。因此，要強調榮譽，要儘可能大量運用具有象徵意
義的力量與方法，如授與獎狀或勳章。[20]

軍事慶典與禮儀不僅可以塑造集體的認同和團體之間的合作，也象徵著軍隊團體共同的命運。隨著現代科技的進步，類似的慶典與禮儀並沒有不合時宜，反而是軍事文化建立與學習的重要媒介與手段。

四、部隊軍風與凝聚力

在軍隊中，凝聚力與部隊軍風是融合軍事文化與作戰效能最重要的內涵。[21]此處所指的部隊軍風與凝聚力（esprit de corps and cohesion）就是部隊的士氣、執行作戰和達成任務的意願。凝聚力是指軍人在部隊中與其他同僚的認同感與同志情誼，因朝夕相處所形成，是水平式的團體關係；部隊軍風是指軍人對其所屬單位的承諾與驕傲，兩者皆為軍事組織的重要結構因素，主要由信念與情感所產生。[22]

麥康恩（Robert MacCoun）對於凝聚力、工作成效及軍事效能的研究中，將凝聚力區分為「社群性的凝聚力」（social cohesion）與「任務性的凝聚力」（task cohesion）。「社群性凝聚力」指的是團體成員間情感品質、喜好、關係及親密關係，因為此種凝聚力，團體成員間相處融洽，彼此產生親密的情感。[23]「任務性凝聚力」則是指團體之中的成員各自努力，以期望達成共同的目標。一個具有高度任務性凝聚力的團體，成員會有共同目標，能夠協調合作，達成其目標。[24]這兩種凝聚力之中，社群性的凝聚力的高度發展會形成對作戰成效的戕害，也就是所謂派系的產生，容易產生單位的分化。如果能夠適度的發展，並且與任務性凝聚力相調和之後，反而更能發揮團隊精神。如清朝末年湘軍、淮軍的興起，也是因爲依賴社群性的凝聚力形成軍隊的發展，在結合任務性的凝聚力，整合其他軍隊之後，終能大敗太平天國，弭平動亂。社群性凝聚力的過度發展，對作戰成效與任務性凝聚力會造成不良影響。如民國初年的軍閥割據，係因社群凝聚力形成，然因爲沒有團隊精神，不重視整體任務性凝聚力，造成戰亂頻仍，與中國的分裂。

部隊軍風可以說是一支軍隊所擁有的特色，這種特色是軍隊成員引以爲傲的；像特種作戰部隊因爲訓練較嚴、執行任務戰略層級較高、武器較精良、較具神秘色彩，所以其軍風自然與其他常規部隊有所不同。

軍隊在作戰時能否團結一致，與凝聚力和部隊軍風有很大關係，軍隊成員來自各方，意識型態、政治傾向與價值觀有很大的差異，必須要有核心的精神，才能使其團結一致，其中「忠誠」就是重要的因素之一。無庸置疑的，凝聚力是促進作戰效能重要的因素，但是仍需其他因素的配合，如科技能力、指揮體系、部隊軍風、能力等，然而這些因素與軍事文化相關議題較不爲人所關注。

　　對於軍事文化的分析另外還有一種途徑，就是軍事次文化的問題。如果要將軍事文化在做細部的劃分，會發現其實上述軍事文化的內涵在不同的軍事單位或團體，會有不同的樣貌。以最普遍的劃分而言，陸、海、空不同的軍種會因爲執行作戰方式的不同，衍生出異於其他軍種的軍事文化。就以能夠提供女性軍人的職務來說，海軍女性在艦艇服務所產生的問題，未必對其他軍種有很高的參考性；在陸地逐行戰鬥的女性其所遭遇的困擾，恐怕也是空軍女飛行員所無法想像的，所以在制定相關政策之前，必須先承認及瞭解軍事次文化的存在與差異性，才能因時因地制宜，減少政策扞格的情況。[25]

第二節　女性軍人對軍事文化的影響

　　如要探討女性軍人對軍事文化的影響，最精準及科學的方法應該是詳列軍事文化的內涵，製作問卷，對不同層級、單位、階級與性別的軍人做問卷調查，如蘭德公司在一九九七年對美軍所做的調查一樣[26]，本文僅就國外相關研究成果結合國內現況做探討。另外上述將軍事文化區分四項內涵，但女性軍人所造成的影響並非如四項內涵一樣是分開而獨立的，而是一種混合性的，例如，性騷擾的問題，其所造成的影響不只會在部隊軍風與凝聚力上，在相當程度上也會嚴重影響軍隊的紀律等；對於形式意義較高的軍事慶典與禮儀，女性軍人的加入，對其影響程度恐怕就不明顯。

一、女性軍人對紀律的影響

紀律表現於外在的是一種齊一的規範，表現於內的是一種自我體察，反省自我行為是否合乎軍人的規範。要達成此兩項要求關鍵在於規範的要求與自我的訓練。一般人在直覺上會認為女性在遇到緊急事故時，容易慌亂，或是表現出退縮、哭泣、求援的態度。美國導演奇威克（Edward Zwick）所拍的電影《火線勇氣》（*Courage Under Fire*），描述波灣戰爭期間，一位救護直昇機飛行員梅迪薇（梅格‧萊恩主演）因直昇機被擊落墜入敵境，最後犧牲成仁。國會因其功績頒發榮譽勳章，但因為死亡原因有疑點，國防部乃派遣曾在波灣戰場上時誤擊友軍，未被揭發，內心一直引咎的戰車營營長（丹佐‧華盛頓主演）負責調查工作。在訪談調查過程中，他發現梅迪薇原來被陽剛氣質濃厚、不信任女性長官的領導，處處挑戰女性長官的隨機特戰士官所陷害。這位士官還謊稱梅迪薇墜機後，手足無措得哭泣，最後被伊軍殺害。然而實情卻是梅迪薇在墜機時不僅沒有慌亂，反而沉著指揮，堅持到底。

　　事實上，從這部電影之中可以看出，能否謹守紀律主要的關鍵，與性別並無強烈的因果關係。特戰士官平時被壓抑對女性長官的敵視，在戰場危急狀況時爆發出來，進而在危急關頭背叛女性長官，任其為敵軍殺害。女飛行員在實施救護任務時，並沒有因為伊軍將至而驚慌與退縮，所以重要的關鍵在於訓練，如果沒有嚴格的訓練，初臨戰場的壯漢，亦會表現出驚慌失常；相對的，受過嚴格訓練的女兵，會表現出過人的膽識與毅力。至於戰爭過後的殺戮問題，從美國近幾次有女性參與戰爭的情況看來，雖然直接面對面與敵軍交火的情況不多，但是尚未見到女性軍人枉顧軍紀，大肆虐殺平民與戰俘的情事發生。

　　女性軍軍人進入軍事單位對紀律也可能產生正面的影響，例如，在清一色男性的軍事單位中，休閒時的活動如半裸運動，共同觀賞色情書刊，酗酒說粗話，打架等情形經常發生，但在女性進入單位後，男性軍人開始注意個人衛生，對紀律與行為的標準也提高。然而對男性軍人而言，這會是一種壓抑或不滿，生活的自由與便利似乎被剝奪，由此會心生敵視的態度。

二、女性軍人對專業主義的影響

　　杭廷頓分析現代軍官團的專業特性時，認為專業主義應該包括軍官的專業知識、責任感及團隊精神。[27]軍人的專業知識藉由教育與經驗獲得，一位軍人是否具備專業能力就是以專業知識作為客觀的衡量標準。軍人具備的專業知識必須比其他行業要廣，須能連接社會文化的傳統。一個現代軍人，尤其是一位軍官，他的軍事專業知識可能要花費軍旅生涯的三分之一的時間來接受各層級的相關教育，這要比其他職業所花教育訓練的時間要長，因為軍人在職務上所獲得的經驗與知識比較有限。就責任感而言，軍人所能提出的貢獻及其所具備的能力，均有獨占性質，所以在國家或社會需要時，有責任提供服務。責任與軍事專業技術與知識使得軍人與其他職業的專業有所不同，如果憑恃特有的技術或武器，拒絕提供服務，就不是一位專業軍人。在團體意識方面，專業的軍人會瞭解他們是屬於有機的單一個體，並意識到與其他非軍人的差異。這種集體意識主要來自於以訓練專業能力所做的長時間規範及訓練、一般行政工作的要求，以及共同分擔一種獨特社會責任的使命感所造成。軍人所擁有的特殊專業知識和必須承擔特殊的責任，使軍人具備專業主義的特質。

　　對一位女性軍人而言，只要她成爲一位長役期的職業軍人[28]，她就必須以「暴力的管理者」而非「暴力執行專家」自居，因爲擔任一位軍官或士官除了必須精通基本戰技之外，更要著重在軍隊的管理，及如何發揮軍隊的效能，在戰場上克敵勝敵。使軍人專業主義具備了學習性、道德性和集體性的內涵，也就是說，軍人專業除了職務的歷練所獲得的經驗之外，必須要有完整與循序漸進的在職訓練體系，強化軍人具備專業技能。由這種專業技能所形成對社會國家的責任感，會內化成爲軍人獨有的軍事道德，增強軍人運用武力執行摧毀與殺戮，與保衛國家安全的正當性與正義性。集體性則是指軍人隸屬於特殊的軍人團體，個人主義會受到限制，團體目標優先於個人目標。

　　目前從各種文獻中並未看出女性軍人或是性別與軍人專業主義有相違背之處；女性無損於軍人專業技術與技能[29]，因爲專業是靠訓練與教育而獲得，女性如果能夠獲得公平的受訓機會，經過嚴格的訓練與篩選之後，自然具備應有的專業知識。軍人的責任感源自於專業知識和對其職務的尊重與期許。女性軍人在獲得必備的專業知識，並且在職務上能夠

發揮其專長，其責任感的產生是無可懷疑的。但是如果長官
以刻板印象來看待女性軍人，限制女性軍人歷練的機會，可
能會打擊女性軍人的自尊，使其責任感降低。

　　就團體意識來說，女性軍人在軍隊中的比例雖然逐年增
加，但是所占比例並不高[30]，對少數群體而言，在團體之中
生存的重要關鍵，就是要配合多數的主流意見，充當花瓶可
以獲得呵護和照顧，特立獨行或成為格格不入的非正式組織
成員，可能只會引來打壓和歧視，在團隊意識強烈的軍隊之
中更是如此。因此具備團隊意識不僅是專業軍人所應具備
的，這也是女性軍人的生存方式之一。

　　雖然軍隊的暴力與犧牲，以及對國家紀律的服從，使軍
事文化一直充滿陽剛的色彩，但要使女性於作戰時更能扮演
適切角色，並使全民社會文化與軍事文化產生連結，最根本
的做法就是加強女性軍人的專業化。

三、女性軍人與軍事慶典與禮儀

　　軍隊最講究傳承與歷史，軍人可以從軍隊與戰爭歷史的
發展過程中，凝聚對單位的歸屬感，軍事與戰爭的演進，這
些歷史傳統是形成軍事文化的主要養分。為了維持這樣的歷
史傳統，軍隊透過許多的典禮和儀式，來突顯軍人對歷史與

傳統的重視。女性軍人大幅進入軍營對正式的慶典與禮儀並未產生重大的衝擊，相對的，軍隊的慶典與禮儀反而成為灌輸女性軍人軍人傳統價值的重要媒介，拉近了不同性別軍人的價值觀。所以執行軍事慶典與禮儀的軍隊出現了女性軍人的身影，如美國在阿靈頓國家軍人公墓的儀隊就有女性士官服勤；中共也有成員全為女性軍人的軍樂隊，女性軍人一同執行重要慶典與禮儀，似乎無損於慶典的莊嚴，與承傳的意義。

　　但在非正式的典禮之中，女性成員的加入有了意想不到的變化。例如，美國海軍的「尾鉤」儀式（tailhook），是美國海軍沿襲已久的非正式組織文化，是一種融合同袍情誼的重要聚會，但在女性加入後，原本潛在對女性的歧視與壓抑，會在非正式儀式中失控轉化成令人感覺不愉快的騷擾及語言暴力，成為龐大陽性軍事文化的突破口，在失控的情形下，終於釀成「尾鉤事件」。正式慶典與禮儀並無明文禁止女性的參與，女性的加入亦能維持慶典與禮儀的意義與功能，但隱於深層性別之間的緊張與歧視，所導致的偏差行為，會成為突然現形的鬼魅，嚇走對性別整合與女性擴大服役的期待。

四、女性軍人對部隊軍風與凝聚力的影響

　　根據一九九七年美國蘭德公司對美軍的實證研究顯示，
女性軍人進入軍中之後，性別差異本身並不會影響團結。在
單位之中，如果上從指揮官，下至士兵都認為部隊全體都重
視團結與凝聚力，並且認同達成任務的重要性與必要性，這
個單位的凝聚力就很高。[31] 在具備強烈凝聚力的單位內，彼
此會互相認同專業與素質，而在互信的情況下，長時間工作
增進彼此之間的關係。這些因素會克服單位內的社群差異，
諸如性別、階級與種族因素。在團結力較弱，且單位內部隱
藏暗流暗礁的單位，領導階層會被指責在製造並促進分裂，
階級會被認為是分裂與衝突的根源。另外，因為成員興趣、
價值觀、種族或族群、性別所組合而成的小團體，也會成為
分裂與衝突的根源。例如，部隊指揮官如果警告要遠離女
人，軍隊兩性之間立即會產生疏離感，疏離感產生之後，就
容易引發衝突。事實上，性別雖然被認為是一項影響團結與
凝聚力的因素，但是性別本身並非影響團結的一個問題，它
只是影響凝聚力的大因素之中的部分而已。在派系林立的單
位，性別的差異才會產生問題。美軍的研究發現，如果因為
性別對部隊凝聚力產生影響時，主要是因為：第一，衝突發

生時，將社會關係中的性別做爲加以分類的方法；第二，軍
隊結構或編組的方式會顯示出性別的差異；第三，男女性軍
人之間產生戀情而影響單位內工作。但是不可否認的，女性
軍人的出現也提昇了職業軍人的行爲標準。

　　在對部隊軍風的影響方面，比較明顯的應該是在部隊士
氣與任務執行的程度與表現上。雖然性別並非影響士氣的主
要因素，但會影響單位士氣因素中與女性軍人有關的在於性
騷擾、雙重標準及親密關係等三方面。[32] 由於性騷擾問題在
軍中是長官絕不容忍（zero tolerance）的問題，雖然可以由
此宣示對這個問題的重視，但主管也會深怕發生此事後，影
響部隊與個人的聲譽，而採取掩飾或息事寧人的態度。所以
開放女性軍人任職的單位，不可避免的會實施許多防止與認
識性騷擾的課程，但是越強調性騷擾的防止與禁令，會使部
分男性軍人將女性軍人士視爲毒蛇猛獸般的不敢主動交往，
害怕如果不小心說錯話，會被指控有性騷擾的意圖。或者在
體能訓練或戰鬥訓練時，會因爲顧忌性騷擾，而不願對體能
較弱的女性同僚實施互助性的碰觸。根據研究發現也有女性
會對其工作環境不滿，而指控男性同事性騷擾或有此意圖，
部分主管也會因此不敢把吃重或不好的工作分配給女性軍
人，而指控性騷擾即使查證證據不足，指控的女性軍人也會

被調往其他單位。

　　對男女性軍人採取不同的要求標準主要是基於以下的原因：第一，男女性的體能狀況不同，故而工作成效要求必然不同；第二，制定政策的男性軍人不一定瞭解女性軍人的需求；男性軍人怕被冠上性騷擾罪名，自然在要求標準的執行上比較放鬆。事實上，根據研究發現，受訪男性軍人大都認為女性奉命從事的「骯髒工作」會比男性少，而且會受到特別待遇。[33]

　　雙重標準問題表面上對女性軍人是有利的，因為有些粗重的工作，會由其他男性軍人平均分擔，因此只要單位內部團結，加上部隊主官領導統御能夠平衡這些差異性，不會發生嚴重的士氣問題或敵對問題。但如果女性軍人的比例升高，男性軍人在分擔勤務越來越重的情況下，會增加敵視女性軍人的程度，將勤務重新分配至女性，進而加重女性軍人的負擔，並會抱怨男性軍人袖手旁觀，兩性之間的互信程度日益減弱，敵視程度漸次升高。此時，如果部隊主管不能在領導統御上，加以緩和，階級結合性別因素的衝突就會發生。例如，國軍現行對軍人基本體能的要求，男女性之間標準不同，但在基層部隊的測驗中，講究部隊的整體性，如果晨跑體能訓練採男女性分開不同集團實施的方式，也會影響部隊的整體性。

雙重標準問題恐怕是擴大女性軍人進入軍中所不可避免的，但如要減少負面的影響或是單位內部的衝突，就必須仰賴領導統御的作為，如果藉助領導統御可以解決雙重標準的問題，部隊士氣也會提昇。

在男女親密關係方面，由於軍隊之中，男性仍居大多數，部分準備進入軍中的女性會認為在如此龐大男性集合的場所，要尋找一位對象應該不是難事。事實上，以女性志願役軍士官為例，在單位之中扣除義務役士兵和已婚的志願役軍士官之後，適於交往對象已經不多。男女性在同一單位的交往，本來就是備受矚目，任何親暱的言詞或動作，都會引起他人的忌妒或是羨慕，並被視為對士氣的影響，因此軍隊的戀人要比他人承受更大的壓力。在國軍各級單位之中，男女性的正常交往會被鼓勵，但是當男女之間感情穩定甚至親密之後，軍隊之中的約會行為就無法見容於軍隊成員，即使是親密的戀人，在軍營之中共處一室，也會被不當聯想。這只是一個過渡，如果兩人結成美滿因緣，還是會受到同僚的祝福。但是如果因為任何一方的心意改變，造成男女之間的分手，在服務單位之中仍要碰面的情況下，不僅尷尬，也會影響單位內的工作氣氛。若發生感情糾紛事件（情殺或是殉情），更會對部隊造成重大的負面影響。雖然感情純爲個人私領域的事務，但發生變故的後遺症，卻會直接衝擊整個團體。如何成熟的處理與面對軍營之中的感情問題，是軍隊成員與主管所必須共同學習的。

結語

　　從以上的探討可以發現，部分軍事文化的內涵如軍事慶典與禮儀、軍事專業主義，並沒有因爲女性軍人的加入，而產生大幅變化。在紀律方面，軍隊並未因女性軍人的加入使得紀律更加敗壞，反而有些行爲的紀律明顯的提昇與改善。而女性軍人對軍事文化的影響主要還是在凝聚力與士氣及軍隊軍風之上。從美軍實際的調查的資料顯示，在團體凝聚力高的單位，性別並不會成爲困擾的問題；相反的在派系林立的單位之中，性別問題會變成其他單位內部問題與衝突爆發的藉口，使女性軍人承受無妄之災，因此，領導統御的優劣，才是決定凝聚力高低的重要原因。

　　在士氣方面也是如此，性別差異本身不是問題，因爲女性進入軍中所產生的性騷擾問題、雙重標準問題及親密關係的問題，才是影響士氣的主要原因。但在沒有女性的軍事單位，類似問題仍會產生。例如，同性之間的性騷擾；不同種族、地域、階級之間的雙重標準問題；同性之間的親密關係等都是長久以來就存在於軍中的問題。但是因為女性軍人問題的備受重視（媒體與國會），而有被擴大化的趨向，提供良好的制度，培育部隊成員的正確觀念，領導統御隨女性軍人的加入而有所調整，才是解決問題的正本清源之道。

　　軍事文化在累積與形成之後，雖然變動緩慢，但仍是動態性的，隨時因為外力與內部因素的變化而有所改變，所以沒有絕對價值，也就是說不能武斷認為何種階段軍事文化是正確的，或是價值較高的；何種階段的軍事文化是錯誤的，或是價值較低的。在女性軍人進入軍隊之後，軍隊內部的文化必然受到影響，但一昧的指責女性軍人或是性別問題是斲喪軍事文化的元兇，乃過度偏重男性陽剛文化的思考，在社會文化極為重視男女平權的大環境下，也不容許軍隊排斥女性，恢復成農業時代的軍隊傳統。因此，如何掌握女性軍人進入軍隊之後軍事文化變動的趨向，及時加以引導，或是藉由其他如領導統御、政策規範等方式，由上而下，形塑優良軍事文化，才是解決性別整合負面影響的根本之道。

註釋

1 樂平，《巾幗不讓鬚眉——中國著名女將小傳》（鄭州：中州古籍出版社，1991年）。

2 閔家胤主編，《陽剛與陰柔的變奏》（北京：中國社會科學出版社，1995年），頁410。

3 如社會瀰漫的各種現象，軍隊部分成員也隨之發燒。

4 參見Thomas E. Ricks, *Making the Corps*(New York: Scribner, 1997)或 James Kitfield, "Standing Apart," *National Journal*, June 13, 1998, pp. 1350-1358.

5 Bernard Bass, "A New Paradigm of Leadership: An Inquiry into Transformational Leadership," (U. S. Army Research Institute for the Behavioral and Social Science, Alexandria, Va., February, 1996).

6 Walter F. Ulmer Jr., " Preliminary Notes, Project on Military Culture," (Center for Strategic and International Studies, Washington, D. C., March 7, 1998, mimeograph), p.F1.

7 Ibid., p.F1.

8 Daniel R. Denison, "What Is the Difference Between Organizational Culture and Organizational Climate?" *The Academy of Management Review*, July 1996, p.624.

9 參看James Burk對軍事文化的定義，引自James Burk, "Military Culture," in *Encyclopedia of Violence, Peace and Conflict*, ed. Lester Kurtz(San Diego, Calif.: Academic Press, 1999).

10 Ibid.

11 Theo Farrell, "Figuring out Fighting Organizations: The New Organizational Analysis in Strategic Studies," *Journal of Strategic Studies*, March 1996, pp. 122-135.

12 Don M. Snider, "An Uninformed Debate on Military Culture," *Orbis*, Winter 1999, pp.15-19.

13 誤擊的原因很多，如指揮管制不良，或是訓練不落實所造成，但是其深層因素在於紀律，或是文化因素。參見Ivan Oelrich, *Who Goes There: Friend or Foe?*(Washington D. C. : Office of Technology Assessment, 1993)在二○○二年美國在阿富汗的戰爭及二○○三年的美伊戰爭中，友軍誤擊的事故頻傳。

14 Morris Janowitz, *The Professional Soldier*(New York: The Free Press, 1960), pp. 8-9.

15 Robert L. Hughes, Robert C. Ginnett and Gordon J. Curphy, *Leadership: Enhancing the Lessons of Experience*, 3rd ed.(Chicago, Ill.: Irwin Publishing, 2002).

16 Don M. Snider, "An Uninformed Debate on Military Culture," op.

cit., p.16.

17 Samuel P. Huntington, *The Soldier and the State*(Cambridge, Mass. : Harvard University Press, Belknap Press, 1957), p. 61.

18 James Burk, "Military Culture," op. cit.

19 退伍儀式在國軍各部隊略有差異,較高層軍官退伍,會舉行簡單茶會及頒獎,基層幹部退伍前單位則以餐會歡送。

20 拉斯維爾原著,鯨鯤‧和敏譯,《政治:論權勢人物的成長、時機和方法》(台北:時報,1999年),頁44。

21 Cohesion在韋式字典原意為tendency to stick together,通常翻譯為凝聚力,但在我國軍事上用語中較少用此名詞,故有時亦翻譯為團結力或團結。

22 James Burk, "Military Culture," op. cit.

23 Robert MacCoun, "What is Know, About Unit Cohesion and Military Performance," in *Sexual Orientation and U. S. Military Personel Policy: Options and Assessment*, by the National Defense Research Institute(Santa Monica, Calif. : RAND, 1993), p. 291.

24 Ibid., p.291.

25 例如,美國前海軍陸戰隊司令克拉克上將(Gen. Charles C. Krulak)於一九八九年對有關男女親密關係限制政策的制定,提出陸戰隊要求標準應高於其他軍種的呼籲。參見Gen. Charles C. Krulak,

"Marines Have to be Held to Higher Standards," *USA Today*, August 11, 1989.

26 研究成果亦出版成專書，參見 Margaret C. Harrell and Laura L. Miller, *New Opportunities for Military Women: Effects Upon Readiness, Cohesion, and Morale*(Santa Monica: RAND, 1997).

27 Samual P. Huntington, *The Soldier and the States*, op. cit.，以下專業主義的觀點皆引用此書。

28 我國目前尚未有義務役的女性軍人，不論女性的軍官或士官都必須在受訓完畢之後，服役四年以上。

29 如果對一軍人的要求是必須會扛上五十公斤的大米，跑上一百公尺的話，則又另當別論。

30 我國設定比例約5%，美軍比例在各軍種皆不同，但都在10%～15%之間。

31 Margaret C. Harrell and Laura L. Miller, *New Opportunities for Military Women: Effects Upon Readiness, Cohesion, and Morale*(Santa Monica: RAND, 1997), Chapter 3.

32 Ibid., Chapter 5.

33 Ibid.

結論

有了女將軍之後

我覺得這條路，還需要很多很多的努力，真的，需要很多很多的努力。

——現役女性空軍上校

　　經過多年的期待之後，我國再度有女性軍人晉升將軍，對我國國防發展的歷史而言，這不僅是新的里程碑，更對遍布國軍各單位的女性軍人產生鼓舞作用。雖然女性軍人入營服役，乃因為女性在就業市場居於弱勢，而抱持經濟性的動機，但其人力素質的優異，是不容否認的事實，這可從三軍官校畢業典禮前幾名的受獎者多為女性中看出。但從女性軍人日後在軍旅發展情形來看，在學校的優異表現，不代表在下部隊後的發展能夠頭角崢嶸，許多女性軍人礙於諸多無奈的因素，選擇了回到家庭、民間職場或是轉任軍訓教官。這是女性軍人的宿命，還是女性軍人的軍旅生涯仍有許多難以克服的障礙？

　　傳統的軍事體制一般被認為是一種男性化組織的最佳例證，軍隊的行為語言、行動與目標，即使不同國家，仍把追求英雄氣概視為基本的價值。但由於各國兵役制度的改變和男性人力的短缺，使得一九七〇年代以來，各國開始有大量的女性進入軍中，從事各類軍中的工作。雖然女性軍人入營在兩性平等者的觀念看來，是邁向男女平權的勝利，但有的女性主義學者反而認為女性進入軍隊，與其既有女性主義形象相矛盾；同樣的，唯軍事論者也擔心，女性軍人的存在，會逐漸減損軍事體制本身的男子英雄氣概，尤其是達成戰爭目標所應具備的特質。

　　戰爭是否爲男性專屬一向是頗受爭議的問題。女性主義運動健將西蒙‧波娃認爲女性自卑情結的主要成因「乃是由於女性一向不必參與戰爭。因爲在人類社會裡，優越與否無關性別的差異，而在於其是否敢於殺人」。在盛行等級制度的社會，和在以階級制度爲基礎，並逐漸朝等級制度發展的社會中，戰爭所帶來的美德，對以軍職作爲世襲的群體而言，是具有傳承意義的。這些群體無不小心翼翼的培養榮譽感、男子氣概，以及英勇無畏的精神，除此之外更在言行舉止上刻意表現出他們乃是這些道德的所有者，也因此更顯現其父權主義的色彩。

　　這樣的文化傳統下，女性在軍隊中容易被認爲是附屬的花瓶角色，甚而所享受的特權，會排擠原有男性的權益。女性軍人對此種情況則是抱持著矛盾的心理，安於現狀雖可樂於享有部分的特權，但性別歧視也伴隨而來；如果想要改變此種情況，女性必須更加認眞的在工作上求表現，才能獲得男性長官的認同，但是男性同僚卻又鄙視這種軍隊內的男女競爭。這種矛盾情結對女性而言，是一種無比的負擔。

　　女性軍人身處部隊這個遍布陽剛氣息的環境，也會面臨許多的壓力，如性騷擾的問題、社交孤立的問題、小孩照料

的問題、雙重標準的問題、婚姻與家庭的問題。因爲部隊成
員複雜與戰備任務的負擔，會使上述問題更爲棘手，女性軍
人的壓力更大。

　　雖然絕大多數的女性軍人不見得都懷抱晉升將軍的理
想，但是如何撥開橫陳在女性軍人軍旅生涯道路的層層障
礙，使其能夠有公平的進修與任職的機會，保障其在部隊陽
剛軍事文化下的權益，是在有了女將軍之後，必須努力的目
標。我們也期待能夠有更多的女將軍出現。

參考書目

一、中文部分

上野千賀子著，劉靜貞、洪金珠譯（1997），《父權體制與
　　資本主義》。台北：遠流出版公司。

古原（1992），〈抗戰時期的女青年軍〉，《歷史月刊》，
　　35：44－46。

古碧玲（1990），〈女性追求的結──高處不勝寒〉，《中國
　　女人的生涯觀──安家與攘外》。台北：張老師出版社，
　　7：100－102。

左立平、左立東、櫻姐（合著）（1993），《世界女兵女
　　警》。北京：國防大學出版。

艾文・托佛勒、海蒂・托佛勒原著，傅凌譯（1994），《新
　　戰爭論》。台北：時報出版公司。

呂芳上（1981），〈抗戰時期中國的婦運工作〉，《中國婦女
　　史論文集》，第一輯。台北：台灣商務印書館，379－
　　411。

李又寧、張玉法編（1981），《中國婦女史論文集》。台北：
　　台灣商務印書館。

李又寧、張玉法編（1988），《中國婦女史論文集》，第二
　　輯。台北：台灣商務印書館。

李美枝（1985），〈社會變遷中中國女性角色及性格的改
　　變〉，《婦女在國家發過程中的角色研討會論文集》。台
　　北：國立台灣大學人口研究中心。

沈明室（1996），〈空白的女性軍人研究〉，《聯合報》
　　（11.21）：11。

沈明室譯（1998），《女性軍人的形象與現實》。台北：政戰
　　學校軍事社會科學研究中心。

拉斯維爾原著，鯨鯤・和敏譯（1999），《政治：論權勢人
　　物的成長、時機和方法》。台北：時報出版公司。

波索爾（Gaston Bouthoul）原著，陳益群譯（1994），《戰
　　爭》。台北：遠流出版公司。

威特金（Susan Alice Watkins）原著，朱侃如譯（1995），
　　《女性主義》（*Feminism*）。台北：立緒文化公司。

柏克（James Burk）講，周祝瑛譯（1996），〈社會學與戰爭
　　的省思〉，《軍事社會學論文集》。大溪：中正理工學
　　院。

洪陸訓（1997），〈軍事社會學初探〉，《復興崗論文集》。
　　台北：政治作戰學校，17：31。

張文萃（1995），《阿猴寮女兵傳》。台北：韜略出版公司。

張南星譯（1997），《女權主義》。台北：遠流出版公司。

張萍（主編）（1995），《中國婦女的現狀》。北京：紅旗出版社。

梁惠錦（1991），〈抗戰時期的婦女組織〉，《中國婦女史論集續集》。台北：稻鄉出版社，359－390。

莫大華（1996），〈美國女性官兵擔任戰鬥職務政策之探析〉，《美歐月刊》，10：43－59。

許祥文（1990），〈淺談軍事社會學研究中的幾個問題〉，《社會科學戰線》，2：110。

陳膺宇、陳志偉、張翠蘋（1997），《我國女性軍職人員特質研究》。國防部補助研究計畫。

陸震廷（1984），《中華女兵》。台北：江山出版社。

閔家胤主編（1995），《陽剛與陰柔的變奏》。北京：中國社會科學出版社。

黃有志（1997），〈女生上成功嶺與兩性平等〉，《民眾日報》（1.10）：12。

楊續孫編（1964），《中國婦女活動記》。台北：正中書局。

趙鑫珊、李毅強（1997），《戰爭與男性賀爾蒙》。台北：台灣學生書局。

劉秀娟（1998），《兩性關係與教育》。台北：揚智文化。

樂平（1991），《巾幗不讓鬚眉──中國著名女將小傳》。鄭州：中州古籍出版社。

潘乃德原著，黃道琳譯（1991），《菊花與劍：日本的民族文化模式》。台北：桂冠圖書公司。

謝冰瑩（1988），《抗戰日記》。台北：東大圖書公司。

謝冰瑩（1992），《女兵自傳》。台北：東大圖書公司。

蘇紅軍（1995），《西方女性主義研究評介》。北京：三聯書店。

二、英文部分

"New Top Admiral to push Wilder Combat Role for Women," (1994). *New York Times,* (4 May).

Adde, Nick. (1997). "Black Hawk Pilot Versus Motherhood," *Army Times,* (10 February).

Addis, Elisabetta, Russo, Valeria E. & Sebesta, Lovenza (eds.)(1994). *Women Soldier: Images and Reality.* New York: St. Martin's Press, Inc.

Armor, David J. (1996). "Race and Gender in the U. S. Military," *Armed Forces & Society*, Vol., No, (Fall), 23, 1: 11.

Assembly of Western European Union(1991). 37 Ordinary Session, "The Role of Women in the Armed Forces," pp.6-31.

Association of the Bar of the City of New York(1991). "The Combat Exlusion Laws: An Idea Whose Time Has Gone," Minerva, Quarterly Report on Women and the Military, pp.41-55.

Barkalow, Carol & Raub, Andrea (1990). *In the Men's House: An Inside Account of Life in the Army by One of West Point's First Female Graduates*. New York: Poseidon Press.

Bass, Bernard(1996). *A New Paradigm of Leadership: An Inquiry into Transformational Leadership*. Alexandria Va. : U. S. Army Research Institute for the Behavioral and Social Science.

Blalock, Hubert M. (1970). *Toward a Theory of Minority Group Relations*. New York: Capricorn.

Bothmer, D. von (1957). *Amazons in Greek Art*. Oxford: Clarendon.

Bredow, W. von (1988). "Military Sociology," in A. Kuper & J. Kuper (eds.) *The Social Science Encyclopedia*. Boston:

Routledge & Kegan Paul.

Brodie, Laura Fairchild (2000). *Breaking Out: VMI and the Coming of Women.* Schocken Books.

Brown III, Richard J., Varr, Richard & Orthner, Dennis K. (1983). "Family Life Patterns in The Air Force," in *Changing U. S. Military Manpower Realities.* Boulder, Colo: Westview Press.

Campbell, D'Ann (1990). "Servicewomen of World War II," *Armed Forces & Society*, (Winter), 16, 2: 251.

Conroy, Pat (1986). *The Lord of Discipline.* Bantam Books.

Cornum, Rhonda (1992). "Soldiering: The Enemy Doesn't care if you are Female," in *It's Our Military, too.* Novato, Califi: Presidio Press.

Creveld, Martin Van (2002). *Men, Women & War: Do Women Belong in the Front Line?.* Cassell Academic.

D'Amico, Francine, Weinstein, Lauries & Weinstein, Laurie Lee (1999). *Gender Camouflage: Women and the U. S. Military.* New York: New York University Press.

Dandeker, Christopher & Segal, Mady Wechsler (1996). "Gender Integration in Armed Forces: Recent Policy Development in the United Kingdom," *Armed Forces & Society*, (Fall).

DeFluer, Lois B. & Warner, Rebecca L. (1987). "Air Force Academy Graduates and Nongraduates: Attitudesand Selp-Concepts," *Armed Forces & Society*, (Summer).

Denison, Daniel R. (1996). "What Is the Difference Between Organizational Culture and Organizational Climate?" *The Academy of Management Review*, (July).

Devilbiss, M. C. (1985). "Gender Integration and Unit Development: A Study of GI Joe," *Armed Forces & Society*, (Summer).

Dienstfrey, Stephen J. (1988). "Women Veterans' Exposure to Combat," *Armed Forces & Society*, (Summer), 14. 4.

Dowell, Pat (1996). "A Gulf War Rashmon," *Cineaste*, (December), 22, 3: 11.

Early, Charity Adames (1989). *One Woman's Army: A Black Officer Remenbers the WAC*. Tex: Texas A & M Press.

Ellis, Monique (1997). "We Need More Child-Care Options," *Army Times*, (21 April).

Elshtain, Jean Bethke (1987). *Women in War*. New York: Basic Books.

Farrell, Theo (1996). "Figuring out Fighting Organizations: The New Organizational Analysis in Strategic Studies," *Journal of Strategic Studies*, (March).

Fenner, Lorry & deYoung, Marie (2001). *Women in Combat: Civic Duty or Military Liability?*. Washington D. C. : Georgetown University Press.

Firestone, Juanita M. & Harris, Richard J. (1994). "Sexual Harassment in the U. S. Military: Individualized and Environmental Contexts," *Armed Forces & Society*, (Fall).

Francke, Linda Bird (1997). *Ground Zero-The Gender War in the Military*. New York: Simon & Schuster.

Goldman, Nancy L. (1976). "Trends in Family Patterns of U. S. Military Personnel During 20 Century," in Nancy L. Goldman & David R. Segal(ed.)*The Social Psychology of Military Service*. Beverly Hills, Cliff: Sage.

Hackworth, D. H. (1991). "War and the Second Sex," *Newsweek*, (5 August).

Hammer, B. (1986). "Woman Body Builders," *Science*, (7 March), pp.74-75.

Harrell, Margaret C. & Miller, Laura L. (1997). *New*

Opportunities for Military Women. Santa Monica: RAND.

Hartle, Anthony(1989). *Moral Issues in Military Decision Making.* Lawrence: University of Press of Kansas, pp.52-53.

Hasenauer, Heike (1997). "Marching Toward Equality," *Soldier,* (March).

Herbert, Melissa S. (2000). *Camouflage Isn't for Combat: Gender, Sexuality, and Women in the Military.* New York: New York University Press.

Holm, Jeanne (1992)(Rev. ed.). *Women in the Military: An Unfinished Revolution.* Novato, Calif: Presidio Press.

Hughes, Robert L., Ginnett, Robert C. & Curphy, Gordon J. (1996). *Leadership: Enhancing the Lessons of Experience,* 2nd ed. Chicago, Ill. : Irwin Publishing.

Huntington, Samuel P. (1957). *A Soldier and States: Civil-Military Relations' Theory and Politics.* Cambridge, Mass. : Harvard University Press, Belknap Press.

Isaksson, Eva (1988). *Women and the Military System.* New York: St. Martins Press.

Janowitz, Morris (1960). *The Professional Soldier.* New York: The Free Press.

Johns, Cecil F., Cory, Bertha H., Day, Roberta W. & Oliver, Laurel W. (1978). *Women Content in the Academy* (REFWAC 77) Alexandria, V. A. : U. S. Army Research Institute.

Jowers, Karen (1997). "Clinton: Pentagon Can Teach Day Care 'Lessons' to Nation," *Army Times*, (12 May).

Jowers, Karen (1997). "Rule on Nursing Mothers May Get Second Look," *Army Times*, (February 17).

Kanter, Rosabeth M. (1977). "Some Effect of Proportions on Group Life: Skewed Sex Ration and Responses to Token Women," *American Journal of Sociology*, 82: 965-990.

Kennedy, Claudia J. & McConnell, Malcolm (2002). *Generally Speaking: A Memoir by the First Woman Promoted to Three-Star General in the United States Army*. Warner Books.

Krulak, Gen. Charles C. (1989). "Marines Have to be Held to Higher Standards," *USA Today*, (11 August).

Lang, Kurt (1972). *Military Institutions and the Sociology of War*. Beverly Hills, CA: Sage.

MacCoun, Robert (1993). "What is Know, About Unit Cohesion and Military Performance," in *Sexual Orientation and U. S.*

Military Personel Policy: Options and Assessment. National Defense Research Institute, Santa Monica, Calif. : RAND.

Martin, Susan E. (1980). *Breaking and Entering.* Berkeley: University of California Press.

Massey, Mary Elizabath (1966). *Bonet Brigade.* Toronto: Random House, Inc.

Mitchell, Brain (1989). *The Weak Link: The Feminization of the American Military.* Washington D. C. : Regnery Gateway.

Mottern, Jaqueline A. & Simutis, Z. M. (1994). "Gender Integration of U. S. Army Basic Combat Training," in *Proceedings of the 36 Annual Conference of the International Military Testing Association.* Rotterdam, The Netherlands, (25-27 October).

Muit, Kate (1992). *Arms and the Woman.* London: Cornet Books.

Office of the Secretory of Defense(1988). *Report on the Task Force on Women in the Military*, (January).

Orthner, Dennis K. (1980). *Families in Blue: A Study of Married and Single Parent Families in the U. S. Air Force.* Washington D. C. Office of the Chief of Chaplains, U. S. Air Force.

Pine, Art(1994). "Women will Get Limited Combat Roles," *Los Angeles Times*, 14 January, p.A5.

Rable, George C. (1995). *Civil War: Women and the Crisis of Southern Nationalism*. Urbana and Chicago: University of Illinois Press.

Reichers, A. E. & Schneider, B. (1990). "Climate and Culture: An Evolution of Constructs," in B. Schneider(ed.) *Organizational Climate and Cultur*. San Francisco: Jossey-Bass.

Ricks, Thomas E. (1997). *Making the Corps*. New York: Scribner.

Rosen, Doris B. Durand, Bliese, Paul D., Halverson, Ronald R., Rothberg, Joseph M. & Harrison, Nancy L. (1996). "Cohesion and Readiness in Gender-Integrated Combat Service Support Units: The Impact of Acceptance of Women and Gender Ratio," *Armed Forces & Society*, (Summer), 537-553.

Ross, Mary (2002). *In the Company of Men: A Woman at the Citadel*. Pocket Books.

Rother, Larry (1993). "Era of Female Combat Pilots Opens with Shrugs and Glee," *New York Times*, (29 April).

Savage, Paul L. & Gabriel, Richard A. (1976). "Cohesion and Disintegration in the American Army: An Alternative Perspective," *Armed Forces & Society*, (Fall) 3.

Schein, Edgar (1990). "Organizational Culture," *American Psychologist*, (February).

Schmitt, Eric (1994). "Generals Oppose Combat by Women," *New York Times*, (17 June).

Schmitt, Eric (1994). "Pilot's Death Renews Debate over Women in Combat Role," *New York Times*, (30 Oct).

Segal, Mady Wechsler (1986). "The Military and the Family as Greedy Institutions," *Armed Forces & Society*, (Fall).

Siert, Birgitte, Cynthia Loft, Birgitte Anderson, Ingrid Sandholdt, Tine Forchhammer, Hanne Hein & Bitten Forchhammer (1988). "Militarization of Women Current Trend-Denmark", cited from Eva Isaksson, *Women and the Military System*. New York: St. Martins Press.

Skaine, Rosemarie (1999). *Women at War: Gender Issues of Americans in Combat*. McFarland & Company.

Snider, Don M. (1999). "An Uninformed Debate on Military Culture," *Orbis*, (Winter).

Solmonson, Jessica Amanda (1993). *The Encyclopedia of Amazons: Women Warriors from Antiquity to the Modern Era.*

Stanley, Sandra Carson & Segal, Mady Wechsler (1988). "Military Women in NATO: An Update," *Armed Forces & Society*, (Summer), 561-562.

Stiehm, Judith Hicks (1996)(ed.). *It's Our Military, too!*, Philadephia: Temple University Press.

Strum, Philippa (2002). *Women in the Barracks: The VMI Case and Equal Rights*. Kansas: University Press of Kansas.

Tangri, S. S., Burt, M. R. & Johnson, L. B. (1982). "Sexual Harassment at Work Three Explannatory Models," *Journal of Social Issues*, 38: 33-54.

The Role of Women in the Armed Forces, Assembly of Western European Union(1991). Document 1267 Thirty-seventh Ordinary Session. London: The Library of IISS.

The Women's Research and Education Institute(1990). *The American Women 1990-1991*. New York: W. W. Norton and Company.

U. S. Army Research Institute for the Behavioral and Social

Science (1977). *Women Content in Unit Force Development Test* (MAX WAC), Alexandria, V. A. : U. S. Army Research Institute.

Ulmer Jr., Walter F. (1998). *Preliminary Notes, Project on Military Culture.* Center for Strategic and International Studies, Washington, D. C., (7 March).

Wadge, D. Collet (1946). *Women in Uniform.* London: Samnpson Low, Marston & Co., Ltd.

Walker, Paulette V. (1995). "Mixed Companies Become the Normal," *Army Times*, (15 January).

Waller, Douglas (1995). "Life on the Coed Carrier," *Time*, (17 April).

Wertsch, M. E. (1991). *Military Brats: The Legacy of Childhood Inside the Fortress.* New York: Crown.

Willenz, June A. (1983). *Women Veterans: America's Forgotten Heroines.* New York: Continum Publishing Company.

Williams, Christine L. (1989). *Gender Difference at Work: Women and Men in Nontraditional Occupation.* Berkeley, Calif: University of California Press.

Worth, Richard (1999). *Women in Combat: The Battle for*

Equality. Enslow Publishers, Inc.

Zietsman, Carol (1995). "Operating in a Man's World," *Salut* (South Africa), Oktober.

Zimmermen, Jean (1992). *Tailspin: Women at War in the Wake of Tailhook.*

三、網路參考資料

"Civil War Women as Men Discussion," Query From Belle Sprague, 21 Feb 1996, http://h-net2.msu.edu/～Women/ archives/threads/disc-CivWarWoman.html

"Civil War Women Discussion", April 1996, Humanities Online, http://av.yahoo.com/bin/query?

"Deborah Sampson: A Woman in the Revolution", from Women in the Wartime: From the American Revolution to Vietnam, p.2. http://social/studies.com/mar/womenwar.html

"Women in the American Revolution: Legend and Reality", from Women in the Wartime: From the American Revolution to Vietnam, p.2. http://social/studies.com/ mar/womenwar.html

Becraft, Carolyn "Women in the Military, 1980-1990", from

Internet, http://www.inform.umd.du/EDRes/Topic/Women Studies/Government Politics/Military/fact sheet. p.2.

Column by Karl Disshaw, "Women Merit Equal Role in Armed Forces", from Internet, http://social/studies.com/mar/womanwar.html

Dishaw, Karl, "Women merit equal role in Armed Forces", http://social/studies.com/mar/womanwar.html

Hall, Richard Patriots in Disguise: Women Warriors of the Civil War by NY, Marlowe & Co., 1993. http://av.yahoo.com./bin/query?p.2.

Kovacs, John, Barbart T. Gwynne, from the Junier League to a WAC Commanding Officer, http://www.stg.brown.edu/projects/WW II-Women/JuniorLeague.html

Mitchell, Brain, Women in the Military: Flirting with Disaster, http://www.amazon.com/exec/obidos/ts/boo...reviews/

National Opinion Research Center, University of Chicago, April 1983, from Internet, http://www.inform.umd.edu/EDRes/Topic/Women Studies/Government Politics/Military/fact sheet, p.3.

Priest, Dana, "Army May Restudy Mixed Sex Training,"

Washington Post, Wednesday, February 5, 1997, p.A01,
http://www.washingtonpost.com/

Rose O'Neal Gtreenhow Papers, An On Line Archival
Collection, Special Collections Library, Duke University,
http://Scriptorium.lib.duke.edu/greenhow/

Sarah E. Thompson Papers, 1859-1898, An On Line Archival
Collection, Special Collections Library, Duke University,
http://Scriptorium.lib.duke.edu/Thompson/

Sharon H. Hartman Strom, Linda P. Wood, Women and World
War II, http://www.stg.brown.edu/projects/ww II Women/
Women in the WW II.html, p.3.

The Women Serving in the Military, Military Women Home Page,
http://www.telepath.com/bfallwel/women.html

Women in the War Time: From the American Revolution to
Vietnam, http://social/studies.com/mar/womanwar.html, p.2.

附錄

附錄一　從邊緣少年到準博士

鄧祥年

　　現就讀於政戰學校政治研究所博士班的沈明室上校，除在個人事業、學業上有卓越的成就，近年來更致力於軍事戰略、軍事社會學、中共研究等學術領域的研究，發表及出版許多著作及論文，成爲備受注目的青年學者軍官。沈明室不但是國軍新一代軍官的代表人物，更是在逆境中力爭上游的最佳典範。

　　出生於屏東的沈明室因家貧，出生後三個月就送人收養，養父是四川籍的退伍上等兵，養母是排灣族的原住民，「老實說，我的童年並不快樂。」沈明室的養父母因感情失和而分居，從小沒有健全的家庭。也許是因爲從小就有如此沉重的心理負擔，使得沈明室的童年比較灰暗，也使他比較早熟。因爲要逃避家庭的沉悶壓力，沈明室在國中畢業後，和同學一同報考了中正預校，就這樣，當時才十五歲的沈明室開始了他的軍旅生涯。

　　沈明室說，如果沒有經過軍校的洗禮與培育，現在的他可能還在屏東鄉下「混」。

　　雖然養父是退伍軍人，但是沈明室對軍人卻一點概念都

沒有，甚至連「中正國防幹部預備學校」的國防幹部就是要
服役終身的職業軍官都不清楚。「當時只覺得當幹部應該蠻
不錯的！」想不到的是，進軍校雖然必須經過各種嚴格的考
驗，竟讓沈明室開拓更遠大的視野、邁向更寬廣的人生。

雖有著不愉快的童年，「但是如果我的生命中能有一點
點成就，我還是感激父母的養育之恩。」沈明室說，他並不
會怨恨生父母把他送給別人，因為那是環境的無奈。其實他
最有資格自暴自棄，但他卻把出身的卑微，化為奮發向上的
動力，沈明室堅定的說：「因為我要讓兩邊的家庭都以我為
榮！」由於出身的背景，他的生活習慣及語言，很像外省第
二代；但是面貌卻又像樸直殷實的屏東鄉下人，有時會讓沈
明室很難融入特定的族群，而自覺成為邊緣人，所以有人激
化族群衝突時，都會如同割裂他心中情感一般的痛苦。

陸軍官校正五十四期畢業的沈明室，學經歷齊全，曾歷
練過連、營長，政治大學東亞研究所碩士、國防大學陸軍指
揮參謀學院畢業。工作這麼忙，找什麼時間唸書？沈明室表
示，除了平時要養成讀書的習慣，最重要的是要懷抱理想，
有自己的目標，並逐步落實自己的規劃。「雖然在軍中工作
壓力很大，很少有完整的時間自我充實，但相對的，進修的
機會很多，看自己能不能掌握。」「一個人在什麼時間，要

做哪些事？要完成哪些事？都要及早規劃才行。」

　　沈明室認為年輕軍官應該要及早立定目標，認清自己努力的方向。「我不認為工作繁忙可以成為放棄進修的藉口，該完成的工作要完成，該唸的書要唸，時間都是自己找的。」事實上，沈明室的相關論述與著作，都不是在擔任輕鬆職務期間所寫的。

　　英雄不怕出身低，沈明室就是一個最好的例子，他說自己是一個完全沒有人事背景的人，也從來沒有想過要找關係、靠交情；他也認為成功與機會都要靠自己努力爭取和創造，個人的工作態度與績效，自然會受到他人的肯定。

　　現在還在念博士班的沈明室，希望將來能繼續為國軍奉獻心力之外，也冀望成為一個「戰略家」，並在軍事學術領域上提出一家之言，占一席之地。

　　（原文刊登於國防部發行之《奮鬥》月刊，民國九十一年二月號，頁20-21。）

附錄二　爲國軍女性仗言的人：沈明室

呂英美

　　在軍中有一位不時爲女性軍人仗言的男軍官，他就是沈明室。初見沈明室，實無法想像這位畢業於陸軍官校，十足陽剛當過營長的校級軍官怎麼會對女性軍人問題有這麼深入、全面的瞭解。沈明室可以說是國內極少數專門研究國軍女性軍人問題的專家，民國八十七年他所翻譯的《女性軍人的形象與現實》一書，還是國內最早探討女性軍人問題的譯著。國軍近年來大幅招收女性軍人，已有近萬位女性軍士官在軍中服役，但對於女性軍人的相關社會層面及心理調適等問題的研究，則尚屬起步階段，沈明室這本譯著，深具帶頭與啓發的意義。

　　沈明室是陸軍官校培養出來的標準戰鬥軍官，除了具有軍方步校正規班及國防大學陸軍指揮參謀學院的指參學歷之外，他還具有民間政治大學東亞研究所碩士學歷，依照國外的說法，就是一位「學者型軍官」。沈明室學術研究領域除了中共問題、軍事社會學、軍事戰略之外，特別是在女性軍人研究方面，近年因爲多有譯作及論文發表，而漸被注意。國內相關議題的研究與規劃，都可以看到他的參與。最令我印象深刻的是，某年《遠見》雜誌曾經刊登一篇有關女性軍人的文章，沈明室仔細閱讀之後，發現只是一篇純粹國外觀點的文章，並未結合國內女性軍人問題的現況，沈明室本能反應的投書給遠見「駁斥」，打了一個小筆仗，遠見「有容乃大」來函照登。因為因緣際會，筆者見到了這篇「炮火還算溫和」的文章，更加深認識他的動念。

　　至於為何會投入女性軍人的議題？沈明室認為女性軍人未來是大家關心的焦點，而且女性軍人的議題是軍事社會科學一門重要的學科，加上他對軍事社會學的興趣，就這樣自然而然一頭栽進這個研究領域。

　　外表陽剛的沈明室兼有溫文儒雅的學者氣息，早在民國八十六年，他就發表了一篇〈戰爭與女性軍人〉的論文，同年政戰學校舉辦一場軍事社會科學研討會，由於平時對女性議題就有研究，在當時的政治研究所所長洪陸訓的邀請下，沈明室提出了一篇〈女性軍人研究的內容與發展〉論文，爾後相繼發表〈女性軍人擔任戰鬥職務之探討〉及〈世界各國女性軍人概述〉等論文。

　　喜歡多方閱讀國外期刊的沈明室從國外雜誌看到《女性軍人的形象與現實》這本書的介紹，特別委託在英國唸書的朋友代購（當時網路購書尚不普及）這本書，並向政戰學校推薦希望由政戰學校取得翻譯權，因爲若能譯成中文，對整個軍事社會學及女性研究的發展將有很大的幫助，後來這本書終於如期於民國八十七年翻譯出版，成爲國內首本研究女性軍人的譯書。社會學者已經預言女性議題在將來成爲一種趨勢，但國內沒有人深入研究女性軍人議題，或許女性本身會關心此議題，但如從本位主義出發恐怕有其侷限性，不見得客觀，沈明室希望從男性的觀點，提供另一種角度的思考方向。

二十一世紀作戰型態已經改變，已非傳統的殺戮戰場，結合科技、智慧的數位戰場儼然形成，行政院在通過「兩性平等法」之後，如何落實到國軍女性軍人身上，非常值得關心與深入探討。「依據這幾年的評估，國防部既然已肯定女性人力在軍中的貢獻，那麼在晉用女性軍人之前，應有平等、長遠性考量，而且要有配套措施」。沈明室舉例說：像人員選拔，不能一開始就以性別設限，如要選用參等士官長，應具體設定體能、學經歷條件爲何，只要符合這些條件，任何一個人都可以擔任此一職務，而不是僵化律定男女百分比爲何，而且任何一個職務均是如此。

儘管國防部肯定女性軍人在軍中的表現，但實際上仍有很多男性領導幹部認爲：女性因爲先天體能等的限制，在軍

中工作仍有不便之處，甚而認定是麻煩製造者，導致女性喪
失很多工作權。沈明室頗不以爲然的表示：「這是男性主觀
的成見，現在作戰型態已經不同以往了，體能限制不應該是
唯一的考量因素。」無可諱言，和男性比較，女性軍、士官
在軍隊的發展仍有其侷限性，沈明室表示，除了部分人員的
心態未改之外，因性別、編階及法令等諸因素無法歷練指揮
職及缺乏接受完整的進修、深造機會，因而導致學經歷不完
整，使其向上發展受到限制。他認爲國軍女性人力的運用與
發展，除須完備的法令，賦予公平的競爭機制外，還須重視
女性軍人權益、開放戰鬥性職務、給予適當的受訓機會及適
切的經管輪調。

　　早期從政戰學校畢業的女軍官，畢業服務的工作大多限
定在文宣與團康的領域，近年陸軍等三軍官校自行招收官校
女學生，畢業後和男性一樣可以擔任排長職務，沈明室表
示，既然陸官畢業的女學生可擔任排長職務，政校畢業生也
可以擔任輔導長的職務，不應只侷限在文宣與團康領域，這
樣太壓抑政戰學校的女學生，「以一個四年軍官養成教育的
學生畢業擔任輔導長比較好？還是由一個受訓幾個月的預官
擔任比較好？」未來會有越來越多的女性軍人在營以下擔任
幹部，這將是一種趨勢，在輔導男士兵的同時，也能兼顧女

性士官的需求。女性軍人因為性別受到「注意」，但其能力要讓人「在意」，必須付出更大的努力，要當一個讓男性認同的女軍人更是不容易，這是目前女性軍人的困境，且中西皆然。不過沈明室仍認為女性本身在軍中應極力擺脫花瓶角色，以工作成效證明自己的能力，去除以弱者自居，或以性別作為豁免的特權，以贏得男性軍人的認同和尊重，真正成為國軍戰鬥體的一環。

（本文摘錄自《勝利之光》民八十九年四月號，作者為陸軍中校，現擔任國防部《奮鬥》月刊主編。）

附錄三　軍隊的英雄或女兒：美伊戰爭中的女性軍人

沈明室、虞立莉

前言

　　與上次波灣戰爭相比，此次美伊戰爭有關女性軍人的報導，除了少數介紹女性飛行員的新聞之外，女性軍人的角色似乎並未受到特別矚目。戰爭開打後的第三天，一輛第三步兵師507保修連的救濟車，因爲迷路而誤入敵陣，遂被伊拉克軍隊俘虜。由於這是第一批被伊拉克軍隊俘虜的美軍，又加上美軍攻勢暫時受挫，因此美軍被俘的消息傳來，不僅影響美軍士氣，連美國媒體亦開始加以關注。尤其當其中一位年僅十九歲的白人女兵潔西卡·林琪清純可人的照片登出來之後，引起多數媒體的注意，對林琪做更深入的追蹤。由於林琪進入軍中的目的，是希望獲得大學的獎學金，以便將來退役之後爲人師表，這樣的志向，更獲得美國人的憐愛。因此，當美國特戰部隊突襲伊軍醫院救出林琪等戰俘的行動成功之後，遂使美軍士氣大振，美國國內民心亦隨之振奮，在媒體的報導之下，林琪遂成爲此次戰爭的女英雄。隨著戰爭的結束，在部分媒體的深入追蹤下，當初協助救助林琪的伊

拉克醫生指出，美軍特戰部隊的救援行動似乎並未如美軍及
媒體所述一般的戲劇性，換句話説，美軍成功的將此事件作
爲振奮民心士氣的宣傳。女性軍人在此次戰爭中究竟以何種
面貌出現呢？是英雄？還是受父權主義社會宰制的「軍隊女
兒」？

女性軍人在戰爭中的角色

　　美國女兵參與戰爭行動的歷史可以遠溯至南北戰爭時
期，爾後美國的每一次戰爭都可以看到女性軍人的倩影。就
以上次波灣戰爭爲例，總共大約有四萬名女兵擔任波灣戰爭
戰鬥支援的任務，是美國有史以來最多的一次。而在當時的
戰爭中，總共有十六名女兵陣亡，有兩人被俘。她們所從事
的職務，除了直接地面戰鬥的職務之外，幾乎涵蓋了多數男
性從事的工作與職務，這完全歸功於原來限制女性軍人從事
戰鬥職的「危險法則」被取消的緣故。

　　在此次美伊戰爭中，女性軍人所能從事的工作與職務的
比例，遠比上次要高，三軍總比例均已超過百分之九十，由
於此次派遣聯軍部隊總數遠比上次規模要少，大約只有二十
五萬人，而且特戰部隊與地面戰鬥部隊居多，因此女性軍人
的總人數大約兩萬人左右，這個數字並且包含海軍軍艦與中

東周邊地區空軍基地服勤的女兵。英國軍隊亦派遣少數的女性軍人，其中在突擊營中尚有十八歲的女兵。一般而言，除特戰部隊與第一線地面戰鬥部隊沒有女性服役之外，各種戰鬥支援與勤務支援部隊中，都可見到女兵。

女性軍人的媒體形象

　　女性戰俘獲救事件，透過媒體的傳播，成為美軍精神戰力與士氣提昇的指標性事件，這個情況某種程度反映了複雜的軍隊心理。美軍向來強調女性軍人在戰場上也能有稱職與專業的表現，能夠展現軍隊中男女機會平等發展的原則，這樣的發展，對於布希政府和軍隊來說，有助於改善軍隊和政府的形象。因為女性所具備的滋養、撫育的象徵，某種程度可以消減戰爭殘忍、殺戮的本質。但當第一個女兵強森（Shoshana Johnson）被俘的消息，透過伊拉克電視台轉播傳來時，媒體報導的焦點集中在她是單親媽媽、有一個兩歲大的女兒、家人十分擔心她的安危之外，還疑惑為何軍隊派遣單親母親上戰場？因此當強森被俘虜時，她的軍事角色立刻因為她的性別角色而顛覆，單親媽媽為了家庭收入，勇赴戰場成為一種原罪，變成了軍隊的負擔。可見，做為一個婦女，她擔任女性的角色要比擔任一個士兵的角色更受到媒體的重視。事實上，美軍提供的優渥福利向來吸引那些掌握較少社會資源的人們參軍，從軍是他們個人生涯的一個轉捩點，至少對單親媽媽而言，她可以有一份可靠的收入，以撫養自己的孩子，然而弔詭的是，社會需要經過良好教育且志願服役的女性從軍，但另一方面，卻又企圖強加她們家庭需要與照顧的責任。

而與強森同連，並在同一次任務中同遭俘虜的女兵林琪被營救脫險的消息，則不僅讓美軍士氣大振，也使美國國內民心振奮。林琪成為戰鬥女英雄，她被美軍搶救的事蹟被媒體廣泛宣傳，林琪也成了美軍宣揚自己武裝實力和美軍絕不會丟下戰場上同袍的袍澤之愛典型。值得玩味的是，報導特別指出林琪被俘前曾奮勇抵抗，用完她身邊所有彈藥抵抗伊軍，身上也有多處槍傷、刺傷，表示她當時決心奮戰至死，不願被伊軍生擒。雖然此一部分的報導被質疑不完全是真實，因為另有報導指出林琪身體狀況良好且無中彈，但是此一奮勇抵抗的描述卻完全符合一般人無法接受女性軍人在戰場上被俘後，會被凌辱或陣亡的可能與想像。

女性戰俘問題

上次波灣戰爭的經驗已顯示女性軍人投入戰場，並未對戰爭造成負面影響，相反地，當時民意調查的結果顯示，多數人贊成擴大女性的軍事角色。此外，女性軍人被描述為專業軍人，雖然以長遠軍旅生涯的角度來看，雖然女性軍人中有許多仍稱不上是專才，但是仍被媒體稱為「專家」。被媒體稱為「專家」表示受人重視，因為專業化提供女性軍人一個保護傘，那就是似乎一位專業化的女性軍人，不會讓人家覺得她們拋家棄子、置家庭於不顧，也不會給人男性化的感覺。回顧在上一次波灣戰爭中，曾遭伊拉克俘虜的美軍蔻南（Rhonda Cornum）少校一直到波灣戰後一年，才終於承認她曾遭受伊拉克軍人的性侵害，並花了很長的篇幅向外界說明，並且成為一本專書——*She Went to War*。她之所以不去理會這樣不愉快的經驗，是因為她覺得身為一名專業軍人，必須把這樣不堪的經驗當做是戰爭的罪惡，為了要維持男性同僚的士氣，她可以不去在乎自己受到性侵犯的事實。回過頭來再看這次美伊戰爭中林琪的事件，不論此事件的真實性如何，我們從媒體特別強調女兵面對敵軍俘虜，決心奮戰至死，及美軍成功搶救女兵的行動描述，卻可約略嗅出這樣的氣氛：一種英雄救美的完美結局，及害怕女性軍人被俘可能會被侵犯，以致嚴重影響軍隊士氣的觀點，均難跳脫一種強調英雄主義與男性氣概的傳統軍隊文化的刻板觀念，亦即把女性軍人當作是「軍隊的女兒」而非軍隊的英雄。

　　由於美國女性軍人人數已超過現役兵力的15%，並擔任90%以上的職務，但仍不得加入以直接地面戰為主要任務的戰鬥部隊，而美國國會在重視美軍女性軍人機會平等的情況下，一直要求美軍擴大女性軍人可從事戰鬥職務的範圍。但是，如果以女性軍人擔任戰鬥性職務將增加女性軍人被俘機會，且害怕女性軍人被俘後可能受到侵害，而影響軍隊士氣，似乎不切實際。因為此次美伊戰爭中被俘的女兵實際負責後勤支援的任務，並未從事直接的地面戰鬥性職務，而這些女性的經驗則清楚地證明，把女性軍人限制在「非戰鬥性」的工作中，並不能保證不被俘虜，甚至免於死亡。因此，當女性軍人在戰場上冒著生命危險執行任務之時，她們可能已做了各種盤算，如美軍新墨西哥州女飛官威爾森所說：「女兵被俘，不是破天荒，我認為軍中女性深知這些危險，但仍毅然選擇上戰場。」由此看來，如果以她們可能被俘，影響士氣，而反對女性軍人擔任戰鬥性職務，便顯得太過偽善。

女性軍人的戰場壓力

　　在美伊戰爭中可以看到一個有趣的現象，英美大兵在戰場紓解壓力的方式，就是以看美女清涼圖片為主，不禁令人產生一個疑問，女性軍人如何紓解壓力？答案肯定不會是採取和男性軍人相同的方式。戰場中的女性軍人所面臨的壓力不見得比男性軍人小，除了戰備與工作壓力，可能面臨被俘及死亡的風險之外，甚至是來自同僚的性騷擾壓力，媽媽女性軍人還必須面對家庭與小孩乏人照料的壓力。在上次波灣戰爭中，英軍爲避免媽媽女兵的問題，曾大幅減少媽媽女兵上戰場的人數，此次亦然，雖然此種做法，可以減少媽媽女兵在戰場因思念家庭與小孩所產生的牽掛與壓力，卻也剝奪了她們戰場征戰功勳與福利的機會。

就性騷擾的壓力而言，在男女性軍人混合服役的情況下，性騷擾就好像隱藏於門後的幽靈，隨時在不可預料的情況下出現。當一群英勇戰士接獲來自《花花公子》雜誌的勞軍圖片時，其所發出的自然反應，可能會使女性同僚感覺尷尬。雖然媽媽女兵比較社會化，而較能處理類似的情況，但是如林琪等未婚的年輕女性軍人就必須學習適應軍隊休閒活動因性別差異而取向不同的情況。

結語

不論女性是基於何種動機與考量上戰場，女性與戰爭之間原本就存在矛盾的關係，但如果女性軍人藉由軍事行動的

表現來傳達與爭取自己的解放與自主,則我們應尊重這樣的
自主。從這次美伊戰爭的經驗而言,女性上戰場已是必然的
趨勢,但如何能夠在保障男女平權與兼顧軍事專業的情況
下,維持軍隊作戰效能,仍是一件重要且需持續努力的工
作。

　　(虞立莉目前爲少校軍官,曾做過「國軍中高階女性軍
人服役經驗」的研究。)

附錄四　美伊戰爭中媒體呈現女兵戰俘獲救的軍隊心理

沈明室

　　美軍特戰部隊依據敵後情報，成功搶救了被伊拉克軍隊所俘虜連同一名女兵的美軍戰俘。消息傳來，美軍陣營士氣大振，連美國總統布希都倍感欣慰，不僅美國媒體大幅報導，甚至傳出好萊塢也將推出類似「搶救雷恩大兵」，以此次特戰部隊在伊拉克戰場搶救女兵爲題材的電影。雖然美軍官方並不承認派出海陸特戰精英深入險境冒死解救戰俘，與是否拯救女性戰俘有關，但女兵被俘與獲救的確受到媒體及多數美軍的高度重視。

　　在美伊戰爭開戰數天，傳出女兵被俘之際，已晉升爲上校的寇南曾現身說法提醒美國人民，女性戰俘可能受到何種脅迫或凌虐，相當程度減消了對美軍士氣的衝擊。但事實上，不論男性或女性只要進入軍隊，都必須面對及接受在戰場受傷或陣亡的可能風險，即使在承平時期亦是如此。況且女性被俘可能會被敵國媒體作爲宣傳，男性戰俘亦是如此，而且男性戰俘影片在電視播出的殺傷力，不見得會小於女性戰俘的情況，這與雙方的宣傳策略與心理作戰息息相關，害怕女性軍人被俘之後會被強暴或凌辱，以致會嚴重影響軍隊士氣的觀點，仍難脫傳統的軍隊雄性軍事文化的刻板觀念。

美軍在此次女兵戰俘的媒體處理上，呈現出其複雜的軍隊心理。美軍首先基於軍隊男女機會平等的原則，強調女性軍人一樣可以在戰場上有稱職表現，在被俘時作戰英勇與奮戰到底，即使在獲救之後，也強調其寧死不屈，而且絕對未受凌辱；另外基於英雄主義的心理，絕不承認「軍隊的女兒」遭受他國軍隊的玷污，因為如此將使美軍承受連自己女兵都無法保護的罵名。另外，由於美國國會非常重視美軍內部女性軍人運用的情況，一直要求美軍擴大女性軍人可從事戰鬥職務的範圍，如果因為女兵被俘事件而大幅減縮女兵員額，不僅需大量男性兵員填補女性軍人缺額，因而減少戰鬥員額，影響軍隊戰鬥力，此種做法更會面臨來自國會強大的壓力。因此，美軍將女兵戰俘的獲救運作為激勵軍隊士氣與振奮美國國內民心與愛國情操的有利媒體宣傳點，此雖未必有利於女性軍人將來在軍隊中的平等地位，但是美軍勇於嘗試讓女兵上火線，給予她們有充分的機會到戰場立功，雖有被俘風險，但此種注重女兵平等權利的做法，亦值得我國在推行與運作女性軍人制度的效法。

女性軍人戰俘的負面效應降低完全看部隊本身的承受能力，當女性軍人在戰場冒著生命危險的時候，卻要以她們可能會被俘，而影響士氣，而反對她們擔任戰鬥性職務未免太過偽善，如何保障女性軍人在軍隊的平等工作權，又能提昇其軍事專業與作戰效能，才是提昇女性軍人與軍隊士氣的長遠之途。

（本文刊登於 *TaiwanNews* 周刊第 78 期，2003.4.25-5,7。）

國家圖書館出版品預行編目資料

女性與軍隊 / 沈明室著. -- 初版. -- 臺北市
：揚智文化, 2003 [民 92]
　　面；　公分. --（知識政治與文化系列；
2）

　　參考書目：面
　　ISBN　957-818-516-2（平裝）

1. 兵役 2. 軍隊

591.608　　　　　　　　　　　　92008267

女性與軍隊

知識政治與文化系列 2

著　　　者☞	沈明室
編輯委員☞	石之瑜・廖光生・徐振國・李英明・黃瑞琪・黃淑玲・沈宗瑞・歐陽新宜・施正鋒・方孝謙・黃競涓・江宜樺・徐斯勤・楊婉瑩
出版者☞	揚智文化事業股份有限公司
發行人☞	葉忠賢
總編輯☞	林新倫
執行編輯☞	吳曉芳
登記證☞	局版北市業字第 1117 號
地　　　址☞	台北市新生南路三段 88 號 5 樓之 6
電　　　話☞	（02）23660309
傳　　　真☞	（02）23660310
郵撥帳號☞	19735365　戶名：葉忠賢
法律顧問☞	北辰著作權事務所　蕭雄淋律師
印　　　刷☞	偉勵彩色印刷股份有限公司
初版一刷☞	2003 年 8 月
ISBN☞	957-818-516-2
定　　　價☞	新台幣 350 元
網　　　址☞	http://www.ycrc.com.tw
E-mail☞	book3@ycrc.com.tw